中等职业供热通风与空调专业系列教材

建 筑 概 论

焦志鹏　主编

焦志鹏　翟占勋　刘乐辉　编

郑亚丽　主审

中国建筑工业出版社

图书在版编目(CIP)数据

建筑概论/焦志鹏主编 .—北京：中国建筑工业出版
社,2002
中等职业供热通风与空调专业系列教材
ISBN 7-112-05111-8

Ⅰ. 建… Ⅱ. 焦… Ⅲ. 建筑学—专业学校—教材
Ⅳ. TU

中国版本图书馆 CIP 数据核字(2002)第 032978 号

本书介绍了基础与地下室、墙体、楼板与地面、门与窗、楼梯与电梯、屋顶、变形缝等民用建筑构造,简单介绍了单层钢筋混凝土排架结构厂房建筑,并详细讲解了建筑施工图的识读。为配合第十章建筑施工图识读的教学与自学,书后附有常见的普通多层单元式住宅建筑施工图一套。有关建筑材料的内容糅合在相关章节讲述。本书结合最新的国家规范、标准,取材恰当、内容简练、图文并茂、易懂易学,非常适合供热通风与空调专业、给水排水专业等设备专业及其他非建筑专业人员阅读。可作为以上专业的中专教材,也可作为上述专业技术人员的参考用书。

中等职业供热通风与空调专业系列教材
建筑概论
焦志鹏　主编

焦志鹏　翟占勋　刘乐辉　编

郑亚丽　主审

＊

中国建筑工业出版社出版(北京西郊百万庄)
新华书店总店科技发行所发行
世界知识印刷厂印刷

＊

开本:787×1092 毫米　1/16　印张:8¾　插页:8　字数:210 千字
2002 年 12 月第一版　2002 年 12 月第一次印刷
印数:1—3000 册　定价:18.00 元
ISBN 7-112-05111-8
G·342(10725)

前　　言

　　《建筑概论》是供热通风与空调专业、给水排水专业的主要专业基础课程之一。其主要任务是使学生熟悉各种建筑构配件的名称、作用,熟悉房屋建筑一般的构造做法,领会建筑构造原理,了解主要建筑材料的性能和用途,并着重掌握建筑施工图的识读方法,能够熟练地阅读建筑施工图,了解本专业与土建专业的关系,以便在以后的工作中相互协调配合。

　　本书参照了国家现行的规范、规程、标准等。本书可作为供热通风与空调专业、给水排水专业及其他设备专业的中专教材,也可作为上述专业技术人员的参考书。

　　本书共分为建筑构造和建筑施工图识读两大部分。建筑构造部分以大量性建造的民用建筑构造为主,考虑到我国幅员辽阔,不同气候分区都有自己的特点以及成熟的经验做法,在编写过程中,力求做到取材恰当、南北兼顾、内容精简、目的性强、深入浅出、图文并茂;结合专业特点,以介绍性、叙述性、增加学生知识面为主,去掉了过多的构造要求,使学习过程变得轻松愉快。建筑施工图识读部分深入浅出、易懂易学,旨在解决设备专业技术人员阅读建筑施工图问题。本书的建筑材料部分没有单列章节,而是糅合到建筑构造部分相关的章节中,简单介绍了最基本的类型、特性和用途,更适合设备专业的学生及技术人员的学习与参考。

　　为便于组织教学和学生自学,本书每章后面都附有复习思考题。并在教材最后附有普通多层单元式住宅楼建筑施工图一套,以配合第十章建筑施工图识读的教学。

　　本书由河南省建筑工程学校焦志鹏主编,由新疆建筑工程学校郑亚丽主审,河南省建筑工程学校翟占勋、刘乐辉参编。各章分工如下:第一章、第二章、第五章、第八章、第九章、第十章由焦志鹏编写;第三章、第四章由翟占勋编写;第六章、第七章由刘乐辉编写。

　　由于编者水平有限,书中不妥之处在所难免,欢迎使用本书的广大师生和读者提出批评和指正,以便再版时修订或补充。

目　　录

第一章 概　述

第一节　本课程的性质、内容、任务及学习方法

《建筑概论》课程是供热通风与空调专业的一门相关专业基础课程。

本课程的内容包括建筑施工图识读、建筑构造以及建筑材料三大部分。它的主要任务是使学生熟悉各种建筑构配件的名称、作用,熟悉房屋建筑一般的构造做法,领会建筑构造原理,了解主要建筑材料的性能和用途,掌握建筑施工图的识读方法,并了解本专业与土建专业的关系,以便在以后的工作中相互协调配合。

建筑材料是工程建设最基本的物质基础,没有建筑材料就没有房屋建筑的存在。各种各样的建筑材料如何构成一座完整的建筑物呢?把各种建筑材料以及由建筑材料制作的建筑构配件根据使用的要求,按照一定的规律,有机地组织到一起,这就是建筑构造,而那些使用上的要求、所遵循的规律就是构造原理。

供热通风与空调工程,也包括其他的安装工程(诸如给水排水、电气设备等),与房屋建筑有着十分密切的关系,它们相互依存,共同为建筑的舒适度发挥作用。随着科技的进步、生产力的发展以及人民生活的不断提高,建筑也在发展变化,对供热通风与空调、给水与排水、电气设备等安装工程的要求也越来越高。这些都要求安装工程各专业对建筑材料、建筑构造以及构造原理有所了解,并在此基础上考虑各种管道(或管线)、设备如何布置,各种管道设备与房屋建筑的各部分(如基础、墙体、楼地面、门窗等)有着什么样的关系,它们之间会不会出现矛盾? 会不会对建筑构配件产生不良影响? 只有了解了房屋建筑的相关知识,领会了建筑构造做法及原理,才能正确处理上述问题,创造优良合格工程。这些问题又集中于建筑施工图的识读,不能正确阅读建筑施工图,就无法得到该工程正确的建筑信息,也就很难保证各专业之间不出现这样那样的矛盾、问题。因此,学习建筑概论课程,关键是学会如何识读建筑施工图。

本教材的前九章是建筑构造部分,其中前八章为民用建筑构造;第九章为工业建筑概述。最后一章是建筑施工图的识读,也是学习建筑概论课程的重点所在。而建筑材料部分未单独列出章节,是糅合于建筑构造的有关章节讲述,在学习建筑构造的同时,了解相关的建筑材料的知识。

建筑概论课程是一门综合性较强的应用技术课程。它不像数学课程那样系统性、逻辑性很强;也不像语文课里的散文、诗词那样朗朗上口、引人入胜。基本上是一章一个新内容,一节一个小问题,章与章之间没有太大的必然联系。初学者会感到内容缺乏连续性,但实际上它也有自己内在的规律。比如,第二章到第八章是民用建筑构造各章的安排,是按照房屋建筑构造组成的六大部分自下而上讲起的。只要肯下功夫,摸清它内在的规律,建筑概论其实并不难学。学习时应注意以下几点:

1. 从具体的建筑构造方法入手,掌握常用的建筑构造方法。

2．在掌握构造方法的基础上，进而领会一般的构造原理。

3．理论联系实际，利用课内外时间多看多实践，在实践中印证所学知识。

4．多想、多动手，建立空间感，达到正确识读建筑施工图和领会设计意图的能力。

5．拓展知识面，了解建筑材料、建筑技术、建筑构造的发展趋势。

第二节 建筑的发展史

有人的存在就有建筑的产生。人类区别于其他动物的特征就是运用工具进行劳动，人类的祖先为了自身免受自然界和其他猛兽的侵害，就要建造防风避雨保护自己的场所，进行最原始的建筑活动。当时所谓的建筑只不过要简单朴素得多，可能只是利用天然洞穴稍加改造，也可能是在树上用树枝树叶搭建的"窝"，也许这就是干阑式建筑和半穴居建筑的前身。随着生产力的不断提高，建筑也变得日益复杂起来。民族、地域、自然条件、文化背景等的不同，反映到建筑上带来世界建筑的多样性。最著名的就有五大古老建筑体系：古埃及建筑、古西亚建筑（底格里斯河和幼法拉底河两河流域）、古印度建筑、古爱琴建筑和古中国建筑。

一、中国建筑

中国的古建筑具有卓越的成就和独特的风格，在世界建筑史上占有重要地位，是著名的五大古老建筑体系之一。其特点可以概括为独树一帜（指发展的独特性）、一脉相承（指不受外来文化的影响）、绵延不断（指文明的古老）。

中国古建筑经历了原始社会、奴隶社会和封建社会三个历史阶段。在原始社会的漫长岁月发展极其缓慢，祖先从穴居、巢居开始，逐步掌握营造地面房屋的技术，创造了原始的木屋架建筑，满足了基本的居住要求；奴隶社会大量的奴隶劳动和青铜器工具的使用，建筑有了巨大发展，出现了宏伟的都城、宫殿、宗庙、陵墓等建筑类型，夯土墙和木构架建筑已初步形成，宫殿建筑出现了彩绘；到了封建社会，经过长期的发展衍变，中国古建筑逐步形成了成熟的、独特的体系，诸如城市规划、园林、民居、宫殿、建筑空间处理、建筑艺术与建筑材料建筑技术相结合等方面，都有独特的创造性，至今仍有很高的参考价值，是值得我们骄傲的珍贵文化遗产。图1-1为现存的唐朝最大的木结构建筑——山西五台山佛光寺大殿，具有很高的学术价值。

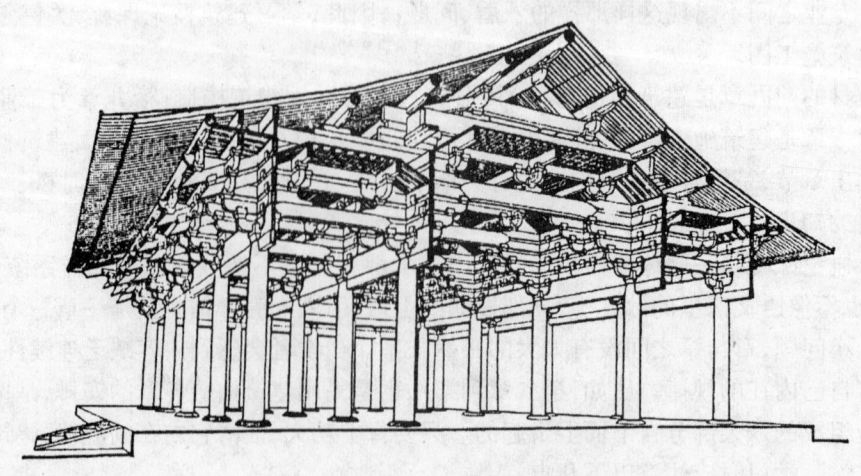

图 1-1　佛光寺大殿梁架结构示意图

在城市建设方面,早在战国时期的《周礼·考工记》就有关于都城制度的记载:"匠人营国,方九里,旁三门,国中九经九纬,经涂九轨,左祖右社,面朝后市"。一般解释为:"都城九里见方,每边开辟三座城门,纵横各九条道路,南北方向的道路宽度达九条车轨,东面为祖庙,西面为社稷坛,前面是朝廷宫殿,后面是市场和居民区"。其形制建设的规范性可见一斑。著名的有:汉长安(公元前202年建)、北魏洛阳(公元493年建)、隋大兴(唐长安)(公元583年建)、隋唐洛阳(公元605年建)、元大都(公元1267年建)、明南京(公元1366年建)、明清北京(公元1421~1553年)。

宫殿建筑首推经明清两朝经营的北京故宫。高大雄伟的天安门仅仅是皇宫紫禁城的城门,向内依次还有端门、午门、太和门,然后才是外朝的精华建筑三大殿(太和殿、中和殿、保和殿),加上后廷的生活区建筑群,金碧辉煌,鳞次栉比,蔚为壮观,举世闻名。

由于我国地域辽阔,自然环境和气候差别很大,形成各地的民居形式也千姿百态,异彩纷呈,比如北京的四合院、闽南的土楼、云南的一颗印住宅等等,特点都是非常鲜明的。明清时代在江南一带出现了一大批著名的园林建筑,如无锡的寄畅园,苏州的留园、拙政园、狮子林,上海的豫园等等,造园手法和理论至今仍然非常有价值。

总之,我国的古建筑遍布中华大地,灿若星辰,是我们每个炎黄子孙的骄傲与自豪。

二、外国建筑

世界其他国家大都有独特的建筑特点。

东亚的日本和朝鲜自古就同中国有亲密的文化交流,她们的古建筑无论在平面布局、结构形式上,还是造型及细部装饰上,都留有中国古建筑的痕迹。由于这种文化交流的鼎盛时期是中国的唐朝,因此,朝鲜和日本的古建筑都保留着较为浓郁的中国唐代建筑风格。

印度次大陆和东南亚有独特的建筑成就,大多数国家受印度文化的影响很深,婆罗门教、佛教、伊斯兰教等宗教建筑都产生了一些杰出的建筑物,随着印度佛教传入中国,中国的佛塔也是从印度的佛塔逐渐演变来的。

古埃及的金字塔、中美洲玛雅人的建筑、西亚伊斯兰国家的建筑等等,世界各古老国家的传统建筑都异彩纷呈,其中最值得一提的应当是古希腊和古罗马的建筑。她们的历史地位之所以如此重要,是与她们的建筑成就如此之巨大,对西方国家的影响如此之久远分不开的。

古希腊泛指公元前8世纪起,在巴尔干半岛、小亚细亚和爱琴海的岛屿上建立的很多小奴隶制国家。也包括它们向外移民又在意大利、西西里和黑海沿岸建立的许多国家。古希腊是欧洲文化的摇篮,它的建筑也是西欧建筑的开拓者。它的一些建筑形制,石梁石柱结构构件及其组合的艺术形式,建筑物和建筑群设计的艺术原则,深深地影响着欧洲两千多年的建筑史。恩格斯这样评价希腊人:"他们无所不包的才能与活动,给他们保证了在人类发展史上为其他任何民族所不能企求的地位"(《马克思恩格斯选集》,三卷)。马克思评价古希腊的艺术和史诗时,除了至今仍然能够给我们艺术享受外,"而且就某方面来说还是一种规范和高不可及的范本"(《马克思恩格斯选集》,三卷)。大多用在庙宇上的建筑物四周的围廊,它的柱子、额枋和檐部逐渐发展、改进,在形式、比例等方面有了成套的做法,形成一种定制,后来的罗马人称之为"柱式"(Ordo)。柱式有两种:流行于小亚细亚先进共和城邦里的爱奥尼亚式(Ionic)和意大利西西里一带寡头制城邦里的多立克式(Doric)。后来在欧洲建筑中广泛使用,柱式几乎成为"欧式建筑"的一种象征。具有代表性的古希腊建筑群是雅典卫城。图1-2所示的帕提农神庙就是雅典卫城的主要建筑。

图1-2　帕提农神庙

古罗马直接继承了古希腊晚期的建筑成就,并大大地向前推进了一步。建筑鼎盛时期是公元1~3世纪,重大建筑活动遍布帝国各地,创造了一大批流芳百世的建筑。拱券技术是古罗马的光辉成就,它把墙体解放出来,使大空间建筑成为可能,像运用环形拱和放射拱技术的剧场、角斗场遍布各城,拱券加穹顶技术的万神庙是古罗马穹顶技术的最高代表(如图1-3所示),它的穹顶直径达到43.3m。古罗马人发展并定型了柱式,建筑理论著作也十分繁荣,流传至今的《建筑十书》就是一个典范。

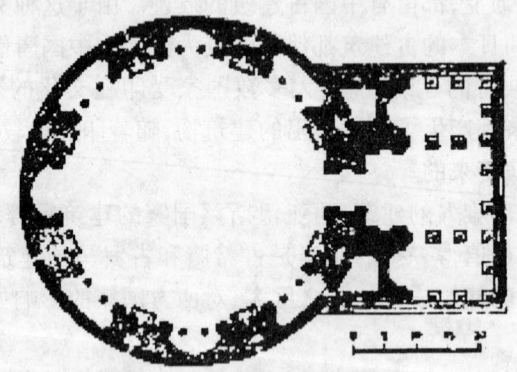

图1-3　古罗马万神庙平面图

在这之后欧洲进入了漫长的中世纪(罗马帝国后直到14~15世纪资本主义萌芽出现以前),建筑成就也主要集中在宗教建筑上,君士坦丁堡的圣索非亚大教堂是拜占庭建筑的代表,而以法国为中心的哥特式建筑是西欧建筑的主要成就。意大利出现资本主义萌芽后,思想文化领域开始了文艺复兴运动,建筑也随之进入一个崭新的阶段,众星璀璨,繁花似锦,造就了一大批不朽的建筑和学识渊博的建筑师,建筑理论十分活跃,他们的创作灵感和范本,就是古希腊和古罗马的建筑及理论。到了17世纪意大利的建筑现象十分复杂,后人的评价也是毁誉均有,被称作"巴洛克"式建筑,炫耀财富,追求财富,趋向自然,常常玩弄曲线、曲面。一般认为文艺复兴之后法国的古典主义代表了欧洲建筑的主流,典范之作是卢浮宫和凡尔赛宫,之后出现了"洛可可"(主要表现在室内装饰上)。

18世纪60年代到19世纪末,在欧美建筑创作中流行着复古思潮:古典复兴、浪漫主义与折衷主义。极力推崇古希腊艺术的优美典雅,古罗马艺术的雄伟壮丽,许多人攻击巴洛克与洛可可的繁琐和矫揉造作,认为古希腊、古罗马的建筑才是新时代建筑的基础。美国的国会大厦、巴黎的星形广场凯旋门就是古典复兴的作品。经过多方面和诸多流派的积极探索,世界建筑史进入了现代建筑时代。

三、现代建筑

工业革命以后,新材料、新技术、新的施工工艺逐渐在建筑领域得到运用,尤其钢材、混凝土、玻璃的运用,建筑创作的自由度也大大提高,复古的建筑形式已经与现代的建筑材料、新的结构类型产生了矛盾,钢筋混凝土结构或钢结构的建筑物外是石材的古典柱子,形式与内容是不一致的。于是,新建筑运动脱颖而出,成为主流,他们注重建筑的功能,注意发挥新型建筑材料和建筑结构的性能特点,充分考虑建筑的经济性,主张创造新的建筑风格,认为建筑空间比平面和立面更重要,废弃表面的外加装饰,认为建筑美的基础是建筑处理的合理性与逻辑性。这些观点一般称为建筑中的"功能主义"(Functionalism),或"理性主义"(Rationalism),或"现代主义"(Modernism)。现代建筑派的代表人物有德国(二战后都去了美国)的格罗皮乌斯、密斯·凡·德·罗,法国的勒·柯布西耶,美国的赖特等。

应该说在当时的历史条件下,现代主义的观点是正确的,但随之而来的是摒弃装饰的"火柴盒"式建筑到处泛滥,建筑没有地域、没有民族、没有文化、没有国家的差别,被戏称为"国际式"建筑,前些年我国的建筑也应属于这一类。现代建筑步入了困境,出现其他一些建筑流派也成为一种历史必然。

今天,世界建筑已经呈现一种百花齐放的态势,这也正是建筑文化的需要。随着科技的进步,更新的建筑材料、结构类型、施工工艺的运用,建筑业也必将创造出新的辉煌。

我们必须面对这样一个现实,尽管我国古建筑有着辉煌的成就,在世界建筑史上有着极其重要的地位,但由于种种历史原因,目前建筑业是落后于西方国家的。自改革开放以来,我国经济的发展是巨大的,建筑业同样也是空前繁荣,但今天这种差距仍然存在,如何赶上、超过先进国家,是落在我们每个人肩上的重任。

第三节 建筑的分类与等级

一、建筑的分类

(一)按使用性质分为三大类

1. 工业建筑

供人们从事各类工业生产的建筑物。包括生产用房、辅助用房、动力用房、库房等。

2. 民用建筑

供人们居住、生活、工作和从事文化、商业、医疗、交通等公共活动的建筑物。

民用建筑的范畴较广,可以认为在城市里的除了工业建筑以外的所有建筑都属于民用建筑,它包括两大类:一是居住建筑,指供人们居住、生活的建筑,包括住宅、宿舍和公寓;二是公共建筑。公共建筑又包括办公类建筑、教育科研类建筑(学校建筑和科研建筑)、文化娱乐类建筑、体育类建筑、商业服务类建筑、旅馆类建筑、医疗福利类建筑、交通类建筑、邮电类建筑、司法类建筑、纪念类建筑、园林类建筑、市政公用设施类建筑以及综合性建筑(兼有以上两种或两种以上的功能)等十四大类型。同时,随着时代的变迁,民用建筑的功能、内容及形式也在不断发展变化。

3. 农业建筑

供人们从事农牧业生产(如种植、养殖、畜牧、贮存等)的建筑。如畜舍、温室、塑料薄膜大棚等。

农业建筑相对比较简单,一般不作为研究的范畴,因此又有"工业与民用建筑"的说法。

(二) 按主要承重结构的材料分为五大类

1. 生土-木结构

以土坯、板筑等生土墙和木屋架作为主要承重结构的建筑,称为生土-木结构建筑。生土-木结构建筑造价低廉,但耐久性差,农村现在也很少采用。

2. 砖木结构

以砖墙(或砖柱)、木屋架作为主要承重结构的建筑,称为砖木结构建筑。砖木结构的造价也较低,耐久性比生土-木结构建筑要好,一般用于次要建筑和临时建筑。

3. 砖混结构

以砖墙(或柱)、钢筋混凝土楼板和屋顶作为主要承重结构的建筑,称为砖混结构建筑(即砖-钢筋混凝土结构)。这种建筑目前采用较多,但普通黏土砖这种建筑材料急需淘汰,因为浪费大量能源和耕地,有的城市已开始禁止使用普通黏土砖。

4. 钢筋混凝土结构

建筑物的墙体或柱子、楼板、屋盖等主要承重构件全部采用钢筋混凝土材料制作的结构形式,称为钢筋混凝土结构。这种结构室内空间可以较大,层数也可以较高,适用于大型公共建筑、高层建筑和大跨度工业建筑,目前采用较多。

5. 钢结构

主要承重构件全部采用钢材制作的建筑,称为钢结构建筑。它有自重轻、受力好等优点,但造价较高。无法采用钢筋混凝土结构的超高层民用建筑、大跨度并有振动荷载的工业厂房等,多采用钢结构。

(三) 按承重结构的承重方式分为四大类

1. 墙承重式

建筑物的竖向承重构件全部用墙体来承受楼板和屋顶等传来的全部荷载,称为墙承重式建筑。如前所述的生土-木结构、砖木结构、砖混结构和钢筋混凝土的剪力墙结构等,都属于这一类结构类型。建筑空间较小的住宅建筑、学校建筑、多层办公楼和旅馆建筑等,采用墙承重式结构的较多。

2. 骨架承重式

用梁与柱组成的骨架来承受全部荷载的建筑称为骨架式建筑。它的骨架可以是钢筋混凝土或钢材,墙体不承重,内部空间灵活,一般用于大空间建筑、高层建筑以及荷载大的建筑。常见的框架结构以及排架结构都属于骨架承重。

3. 内骨架承重式

内部用梁柱、四周用墙体承重的建筑物称为内骨架承重式建筑。这种形式利用外墙可以节省外围的柱子,但这种结构形式内外受力不一致,现在采用得较少。常见的内骨架承重式为内框架建筑。

4. 空间结构承重式

用空间结构承受荷载的建筑称为空间结构承重式建筑。这类建筑一般是室内空间要求较大而又不允许设柱子,比如体育馆类建筑,它的屋盖就可以采用空间网架等空间结构的形式。

此外,按规模和数量分民用建筑有大量性建筑(建造数量较多的居住建筑和中小型公共建筑)和大型性建筑(建造数量少但体量大的公共建筑,如体育馆、航空港、火车站等)之分。《高层民用建筑设计防火规范》GB 50045—95(1997年局部修订)中规定,住宅10层及10层以上、公共建筑24m以上即是高层建筑。《住宅设计规范》GB 50096—1999中规定,住宅按层数划分有低层(1～3层)、多层(4～6层)、中高层(7～9层)、高层(10层及以上)之分。可见,具体情况不同,分类也不同。

二、民用建筑的等级

(一) 按重要性分为五等

房屋建筑按照重要性的分等情况见表1-1。

房 屋 建 筑 等 级   表 1-1

等 级	适 用 范 围	建 筑 类 别 举 例
特 等	具有重大纪念性、历史性、国际性和国家级的各类建筑	国家级建筑:如国宾馆、国家大剧院、大会堂、纪念堂;国家美术馆、博物馆、图书馆;国家级科研中心、体育、医疗建筑等 国际性建筑:如重点国际科教文、旅游贸易、福利卫生建筑;大型国际航空港等
甲 等	高级居住建筑和公共建筑	高等住宅;高级科研人员单身宿舍;高级旅馆;部、委、省、军级办公楼;国家重点科教建筑;省、市、自治区重点文娱集会建筑、博览建筑、体育建筑、外事托幼建筑、医疗建筑、交通邮电类建筑、商业类建筑等
乙 等	中级居住建筑和公共建筑	中级住宅;中级单身宿舍;高等院校与科研单位的科教建筑;省、市、自治区级旅馆;地、师级办公楼;省、市、自治区一级文娱集会建筑、博览建筑、体育建筑、福利卫生建筑、交通邮电类建筑、商业类建筑及其他公共建筑等
丙 等	一般居住建筑和公共建筑	一般职工住宅;一般职工单身宿舍;学生宿舍;一般旅馆;行政企事业单位办公楼;中学及小学科教建筑;文娱集会建筑、博览建筑、体育建筑、县级福利卫生类建筑、交通邮电类建筑、商业类建筑及其他公共建筑等
丁 等	低标准的居住和公共建筑	防火等级为四级的各类民用建筑,包括住宅建筑、宿舍建筑、旅馆建筑、办公楼建筑、教科文类建筑、福利卫生类建筑、商业类建筑及其他公共建筑等

(二) 按防火性能分四级

火灾的发生会对人民的生命安全和财产安全构成极大的威胁,建筑设计、建筑构造等方面必须有足够的重视,我国也相继推出了一系列的有关防火的规范,主要的有《建筑设计防火规范》GBJ 16—87和《高层民用建筑设计防火规范》GB 50045—95,并于1997年进行了局部修订,建筑物的耐火等级根据房屋主要构件的燃烧性能和耐火极限分为一、二、三、四四个等级。

燃烧性能指组成建筑物的主要构件在明火作用下,燃烧与否以及燃烧的难易程度。按燃烧性能建筑构件分为不燃烧体(用不燃烧材料制成)、难燃烧体(用难燃烧材料制成或带有不燃烧材料保护层的燃烧材料制成)和燃烧体(用燃烧材料制成)。

　　耐火极限指建筑构件遇火后能够支持的时间。对任一构件进行耐火试验,从受到火的作用起,到失去支持能力、或完整性被破坏、或失去隔火作用时为止,这段时间,用小时表示,就是这个构件的耐火极限。不同耐火等级的建筑物,对它的构件的耐火极限和燃烧性能的限制也不同。

　　(三)按耐久年限分四级

　　根据建筑主体结构的耐久年限分以下四级:

　　1.一级耐久年限,100年以上,适用于重要的建筑和高层建筑。

　　2.二级耐久年限,50~100年,适用于一般性建筑。

　　3.三级耐久年限,25~50年,适用于次要建筑。

　　4.四级耐久年限,15年以下,适用于临时建筑。

第四节　民用建筑的构造组成

　　一般的民用房屋主要由基础、墙或柱子、楼板层、楼梯、屋顶和门窗等几部分组成。图1-4是一个民用建筑的构造组成。

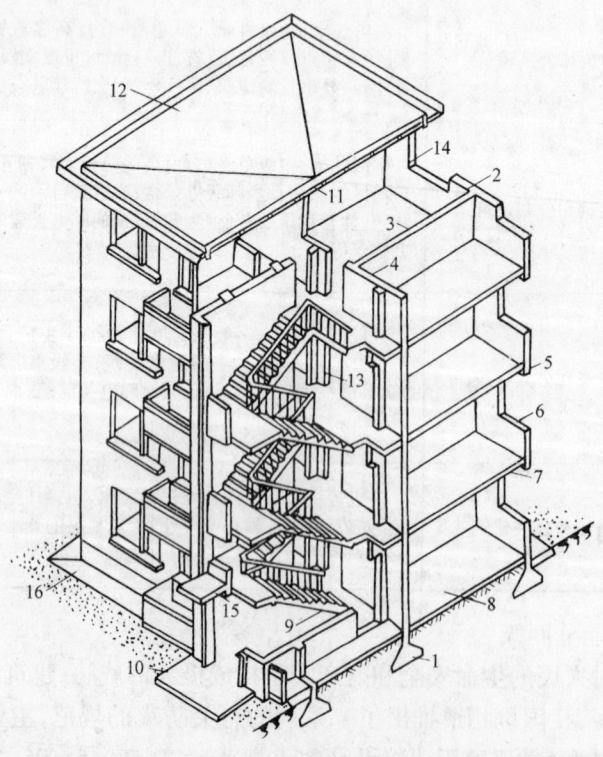

图1-4　民用建筑的构造组成

1—基础;2—外墙;3—内横墙;4—内纵墙;5—过梁;6—窗台;7—楼板;8—地面;9—楼梯;
10—台阶;11—屋面板;12—屋面;13—门;14—窗;15—雨篷;16—散水

一、基础

基础是建筑物墙或柱下的承重结构,指埋在地下的放大部分。承受建筑物所有的荷载并把这些荷载传给地基土,因此基础是建筑物的重要组成部分,应该坚固、稳定,耐地下水及所含化学物质的侵蚀,经得起冰冻。

二、墙或柱

墙与柱子是建筑物的垂直承重构件,承受楼板层和屋顶传来的荷载并传给基础。建筑物的外墙同时也是围护结构,阻隔雨水、风雪、寒暑等自然现象对室内的影响;内墙把室内空间分隔成不同的房间,避免相互干扰,这是墙体的分隔作用。

墙和柱应该坚固、稳定。墙还应能够保温(隔热)、隔声、防水。

三、楼板层

楼板层是建筑物的水平承重构件,承受楼面荷载并传给墙或柱子,包括楼板、地面和顶棚三部分。同时,楼板在垂直方向上把建筑空间分成若干层,起分隔作用;楼板对墙体的稳定性也起支撑作用。

楼板层应具有一定的强度和刚度,并应耐磨、隔声。

四、楼梯

楼梯是建筑物联系上下各层的垂直交通设施。除了平时供人们上下楼使用外,在地震、火灾等紧急状态,供人们紧急疏散。因此,建筑物的高度不同,对疏散要求不同,楼梯的构造处理也不同。

楼梯应坚固、安全,有足够的通行能力,有合适坡度及尺度。

五、屋顶

屋顶是建筑物顶部的承重和围护结构,由屋面、承重结构和保温(隔热)层三部分组成。屋面的作用是阻隔雨水、风雪对室内的影响,并将雨水排除。承重结构则承受屋盖的全部荷载并传给墙或柱子。保温(隔热)层的作用是防止冬季室内热量的散失(夏季太阳辐射热进入室内),使室内有一个相对稳定的热环境。

屋顶应能防水、排水、保温、隔热,它的承重结构应有足够的强度和刚度。

六、门窗

门是供人和家具设备进出建筑物及其房间的建筑配件。紧急状态要经过门进行紧急疏散,同时,还兼有采光和通风的作用。门应坚固、隔声,并有足够的宽度和高度。

窗的作用是采光、通风、供人眺望。窗应有合适、足够的面积。

外墙上的门窗还应防水、防风沙、保温、隔热以及隔声。

建筑物除以上六大部分构造组成外,还有其他一些配件和设施,如雨篷、散水、通风道、烟道、垃圾道、壁柜、壁龛等。

第五节　建筑的工业化、标准化与模数协调

一、建筑工业化与标准化

为了适应经济建设的需要,建筑业必须改变长期以来分散的、手工的生产方式,用集中的、大工业的生产方式进行生产,这就是建筑工业化。它有三个方面的内容:设计的标准化、构配件生产的工厂化、建筑施工的机械化。同时,对"秦砖汉瓦"式的墙体改革也势在必行。

像大板建筑、滑模施工、升板建筑、砌块建筑、盒子建筑等形式,在一定程度上大大提高了施工速度,是建筑工业化的有益探索,要达到真正意义上的建筑工业化,还需要建筑业的进一步探讨、革新。

建筑设计的标准化是建筑工业化的前提,建筑标准化包括两个方面:一是建筑设计的标准问题,也就是制定各种各样的建筑法规、规范、标准、定额与指标,使建筑设计有标准可依;二是建筑的标准设计问题,也就是根据上述各项设计标准,而设计出通用的建筑构件、配件、单元甚至标准房屋,以供选用。

二、建筑模数协调

要实现建筑工业化,使建筑构配件、组合件具有较大的通用性和互换性,建筑物及其各部分的尺寸必须统一协调。为此,专门制订了《建筑模数协调统一标准》GBJ 2—86,规定了模数和模数协调原则。

(一)基本模数和导出模数

基本模数是模数协调中选用的基本尺寸单位,数值为 100mm,用 M 表示,即 1M = 100mm。

导出模数分为扩大模数和分模数。扩大模数是基本模数的整数倍,基数有 3M、6M、12M、15M、30M、60M,相应的尺寸为 300、600、1200、1500、3000、6000mm;分模数是指基本模数被整数除,基数有 1/10M、1/5M、1/2M,相应的尺寸为 10、20、50mm。

(二)模数数列及其适用范围

模数数列是以选定的模数基数为基础而展开的数值系统,以确保不同类型的建筑物及其各组成部分间的尺寸统一协调。如 3M 数列有:300、600、900、1200、1500…(单位 mm)。

不同的数列的适用范围不同,如分模数主要用于缝隙、构造节点、构配件截面等处,扩大模数主要用于开间与进深、柱距与跨度等较大尺寸的协调。

(三)模数协调

建筑模数协调,主要是房屋及其构配件与组合件以及房屋装备之间和它们自身之间的模数尺寸协调。其中定位是协调的基础之一,建筑中是把建筑放在模数化的空间网格中,运用定位线和定位轴线进行定位的。

复习思考题

1. 建筑概论课程的内容和任务是什么?
2. 建筑按使用性质分为哪几类?其中民用建筑分为哪些类型?
3. 建筑按主要结构的承重材料分为哪几类?按承重方式分为哪几类?
4. 什么是建筑的耐火极限?什么是燃烧性能?建筑有几个耐火等级?
5. 房屋有哪些主要组成部分?各部分的作用是什么?
6. 什么是建筑工业化?什么是模数?什么是基本模数?什么是分模数和扩大模数?

第二章　基础与地下室

第一节　地基、基础与荷载的关系

一、地基和基础的概念

基础是房屋墙体或柱子埋在地下的扩大部分。它直接与土层接触,作用是承受房屋的总荷载(房屋的自重以及内部承载的人、家具、设备,屋顶积雪、受到的风荷载等所有荷载),并传给它下面的土层。它是房屋的一个组成部分。

地基指的是基础下面承受荷载的那部分土层。房屋的所有荷载最终都由地基土来承受,因此也十分重要。地基不是房屋的组成部分。

基础承受房屋的全部荷载并最终传给地基,地基土层必须有合适的承载能力。地基和基础共同保证房屋的坚固、耐久、安全。

地基在保持稳定的条件下,每平方米所能承受的最大垂直压力称为地基的承载力(也叫地耐力)。当基础传来的荷载超过地基的承载力时,地基将出现较大的沉降变形、滑动甚至于破坏。为了保证房屋的使用安全,必须将基础与地基接触部分的尺寸扩大,也就是扩大基础的底面积,以减小地基单位面积上所受到的压力。

地基在荷载作用下会产生应力和应变,并随土层深度的增加而减少。地基中压力需要计算的那部分土层称为持力层。持力层以下的那部分土层称为下卧层。

二、地基的分类

地基土可分为岩石、碎石土、砂土、粉土、黏性土和人工填土等。其中岩石土根据粒径大小又分块石(或漂石)、碎石(或卵石)、角砾(或圆砾);砂土根据粒径大小又分砾砂、粗砂、中砂、细砂、粉砂;黏性土根据塑性指数大小又分黏土和粉质黏土;人工填土根据组成和成因可分为素填土、杂填土、冲填土。

根据地基土的情况,地基可以分为天然地基和人工地基两大类。

天然地基是指天然土层具有足够的地基承载力,不需经人工改良或加固就可以直接在上面建造房屋的地基。上述的岩石、碎石土、砂土、粉土和黏性土等,一般情况下都可以作为天然地基。

人工地基是指地基土层的承载力较差,无法直接在上面建造房屋,而必须经过人工加固才能在上面建造房屋的地基。如杂填土、冲填土、淤泥或其他高压缩性土层。人工加固地基的方法有很多种,如压实法、换土法、挤密法、排水固结法、化学加固法、加筋法、热学法、桩基础等。常用的有压实法、换土法、挤密法、桩基础。

第二节　基础的类型、材料与构造

基础的类型较多。按照基础所用的材料及受力特点分,有刚性基础和柔性基础两大类。刚性基础包括砖基础、毛石基础、混凝土基础、灰土基础、三合土基础等。按照基础的构造形式分,有条形基础、独立基础、整片基础(满堂基础)、桩基础等。

一、按材料及受力特点分类

(一)刚性基础

刚性基础的材料有一个共同特点,就是抗压强度高而抗拉、抗剪强度很低。通过试验知道,这类基础的破坏是有规律的:总是沿一定角度 α 破坏(图2-1),只不过不同材料 α 角也不同。这个角度 α 称为刚性角。并存在下面的关系:基础挑出的宽度 b_2 与高度 H_0 的比值是刚性角 α 的正切值(tgα),刚性基础都受到刚性角 α 的限制。

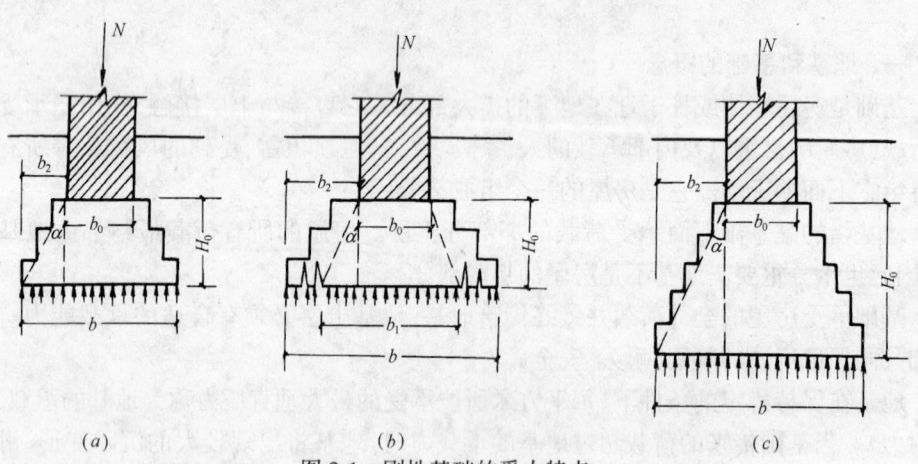

图2-1 刚性基础的受力特点

(a)基础的 b_2/H_0 在允许范围内,基础底面不受拉;(b)加大宽度,b_2/H_0 值超过允许范围,基础受拉而开裂破坏;(c)高宽同时加大,b_2/H_0 值仍在允许范围内

工程中就是通过控制基础的宽高比来控制刚性角 α 的。

由于材料本身的特性致使刚性基础受到刚性角的限制,要想增大基础底面,必然同时加大基础的高度,基础的埋置深度也随之而增加,这样,土方量、人工费、工程造价也随着增加。否则,保证不了刚性角 α,基础就会破坏。因此刚性基础的使用就有一定局限性。

1. 砖基础

砖基础取材容易,价格低廉。但砖的强度、耐久性、耐水性、抗冻性都较差,一般用于地基土质好、地下水位低的低层和多层砖木结构和砖混结构的建筑。

砖基础的大放脚(基础的台阶式放大部分)有两种砌筑方法,都能满足刚性角的限制。一是采用每二皮砖挑出 1/4 砖和一皮砖挑出 1/4 砖相间砌筑;二是采用每二皮砖挑出 1/4

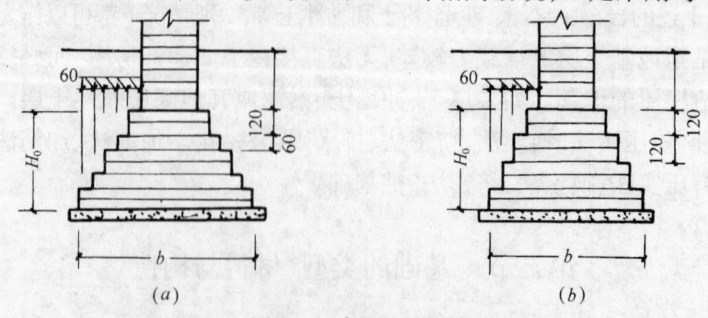

图2-2 砖基础的构造

(a)二皮砖与一皮砖间隔挑出 1/4 砖;(b)二皮砖挑出 1/4 砖

砖。砌筑前基槽底部先铺 20mm 厚砂垫层。砖基础的构造见图 2-2。

2．毛石基础

毛石基础是由中部厚度不小于 150mm 的未经加工的块石和水泥砂浆砌筑而成。由于石材强度高，抗冻性、耐水性好，水泥砂浆也是耐水材料，毛石基础可用于地下水位较高、冻土深度较深地区的低层和多层建筑。用于取材较近的工程时造价也较砖基础低。

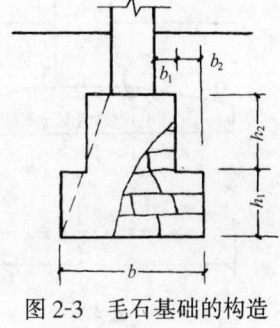

图 2-3　毛石基础的构造

毛石基础多为阶梯形截面（图 2-3）。当基础底面宽度 $b \leqslant 700mm$ 时，应做成矩形截面。

3．混凝土基础

混凝土基础坚固、耐久、耐水，抗冻性好，刚性角也最大（$\alpha = 45°$），常用于有地下水和冰冻作用的地方。

混凝土基础的截面有矩形、阶梯形、锥形（图 2-4）。

为节省混凝土，可以在混凝土中加入粒径 $\leqslant 300mm$ 的毛石，称为毛石混凝土。

4．灰土基础和三合土基础

灰土基础是指在砖基础下的灰土垫层当作基础的一部分，并考虑它的承载力（图 2-5）。这样可以节省一部分砖，单独用灰土是没法做基础的。灰土就是由石灰和黏土加适量水拌和夯实而成，根据石灰和黏土的体积比不同有三七灰土和二八灰土。施工时灰土每层虚铺厚度 220mm，夯实后厚度 150mm 左右，为一步，建筑物的层数高低不同可选用不同的步数。

灰土的抗冻性、耐水性差，只能用于地下水位以上、冻结深度以下。现在采用较少。

三合土基础和灰土基础相类似。三合土是石灰、砂、骨料（碎砖或石子）按一定体积比（一般为 1:3:6 或 1:2:4）加水拌和夯实。三合土垫层的承载力考虑在内的基础称为三合土基础。三合土基础的构造见图 2-6。

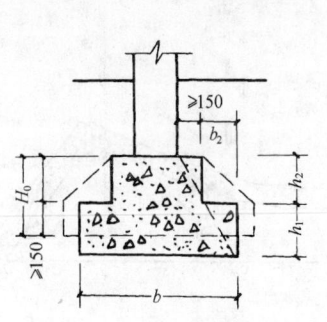
图 2-4　混凝土基础的构造

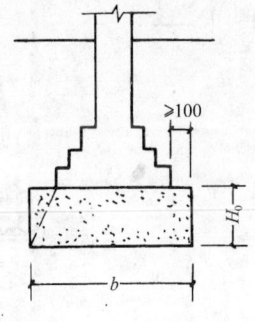
图 2-5　灰土基础的构造

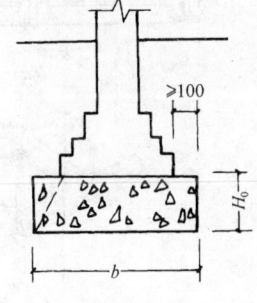
图 2-6　三合土基础的构造

（二）柔性基础

刚性基础受刚性角的限制，刚性基础的应用也就受到一定限制。如果基础采用抗压、抗拉、抗剪和抗弯能力都很强的材料，就不会受到刚性角的限制，这种基础称为柔性基础。

柔性基础一般就是指钢筋混凝土基础。由于钢筋和混凝土联合工作，利用钢筋承受拉力，基础就能承受弯矩。钢筋混凝土基础可以在基础底面比较大的条件下做得较薄（图2-7）。为使基础底面均匀传递荷载，钢筋混凝土基础下一般要做 70～100mm 厚的 C7.5 或 C10 的混凝土垫层。

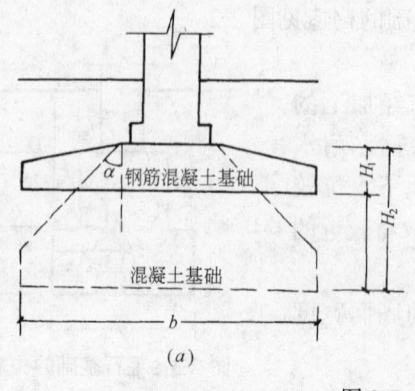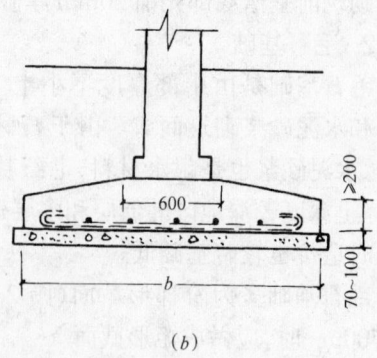

图 2-7　钢筋混凝土基础
(a)混凝土与钢筋混凝土基础的比较;(b)钢筋混凝土基础

二、按基础的构造形式分类

基础按基础的构造形式可分为条形基础、独立基础、整片基础和桩基础。

(一) 条形基础

条形基础呈连续的带状,因此也叫带形基础。

条形基础一般是用在墙体承重的墙下,砖混结构的中小型建筑常用刚性材料,地基软弱时也可用钢筋混凝土条形基础;剪力墙结构的高层建筑一般用钢筋混凝土条形基础。当地基土比较软弱时,骨架承重结构的柱下也可以采用条形基础。条形基础的构造形式见图2-8。

(二) 独立基础

独立基础呈柱墩形,也叫单独基础(图2-9)。

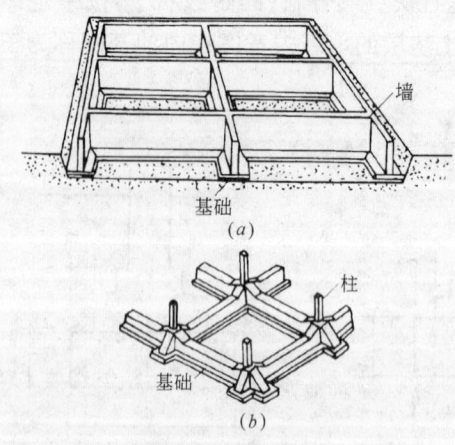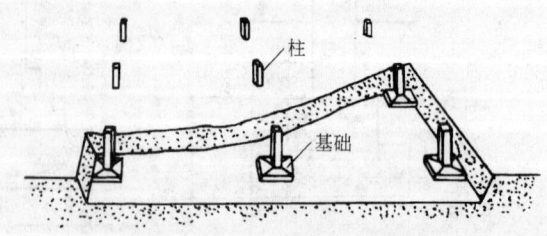

图 2-8　条形基础
(a)墙下条形基础;(b)柱下条形基础

图 2-9　独立基础

独立基础一般是用在柱下。墙下独立基础较少,只有基础需要埋得很深,而大面积开挖基槽不经济或无法大面积开挖时,可做成独立基础,在基础上放基础梁,在梁上砌墙,这样就成了墙下独立基础。

(三) 整片基础

整片基础包括筏式基础和箱形基础。如图 2-10 所示。

筏式基础也叫满堂基础、片筏基础,简称筏基。它就像倒着放的楼盖,有板式和梁板式

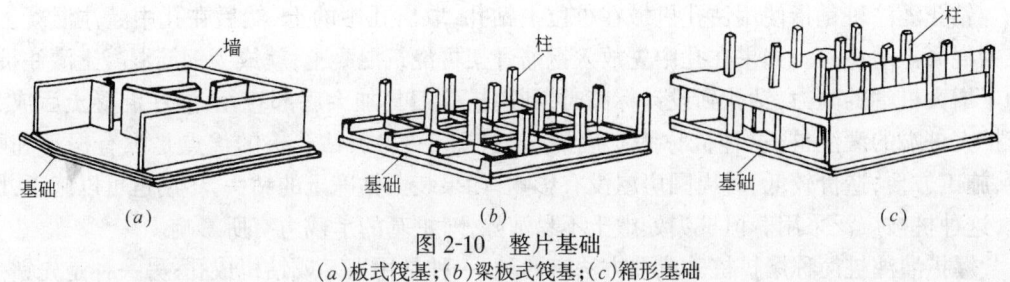

图 2-10 整片基础

(a)板式筏基;(b)梁板式筏基;(c)箱形基础

之分。板式筏基板面平整,但板厚较大;梁板式筏基受力合理,但板面上有梁,如果用作地下室的地面时需进行处理。

筏式基础可用在墙下,也可用在柱下。当建筑物上部的荷载较大,地基承载力又较低时,基础如果选择条形基础也几乎占满整个建筑物,就可以考虑选用片筏式基础。

对于高层建筑,基础一般埋得较深,为了增加建筑物的刚度和稳定性,可以将钢筋混凝土基础浇注成有底板、顶板和侧墙的类似于箱子形状的基础,这就形成了箱形基础。箱形基础内部可用作地下室。箱形基础相对于筏式基础无论它的承载力还是抵抗变形的能力都大大提高,一般用于荷载较大的高层建筑。

（四）桩基础

当建筑物的荷载较大,而地基土的软弱层又很厚时,如果将基础埋在软弱土层满足不了地基强度和变形的要求,对软弱土层进行人工处理又有困难或者不经济时,一般采用桩基础的形式。

桩基础的作用是通过桩尖将上部荷载传给较深的坚硬土层,这种桩就叫端承桩;或者是通过桩与四周土层的摩擦力传力,这种桩就叫摩擦桩。端承桩适用于表层软弱土层不太厚而下部就是坚硬土层的地基情况,主要通过桩尖的阻力传递荷载。摩擦桩适用于表层软弱土层较厚而坚硬土层相对较深的地基情况,通过桩侧的摩擦力和桩尖的阻力传递荷载。见图 2-11。

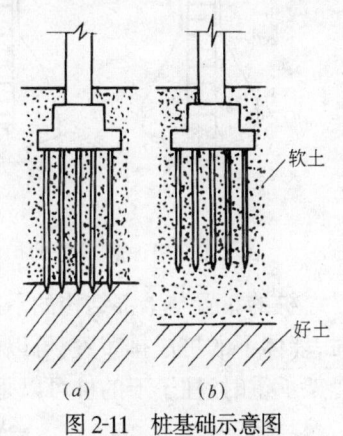

图 2-11 桩基础示意图

(a)端承桩;(b)摩擦桩

采用桩基础可以节省基础材料,减少土方工程量,改善工人的劳动条件,缩短施工工期。尤其严寒地区在冬期施工,能省去开挖冻土的繁重劳动。

桩的种类很多,按材料分有木桩、钢筋混凝土桩、钢桩等,目前大多采用钢筋混凝土桩;按断面形式分有圆形、方形、环形、六边形、工字形等,圆形桩用得较多;按入土方法不同分有打入桩、振入桩、压入桩、灌注桩。前三种一般是钢筋混凝土预制桩,灌注桩又分振动灌注桩、钻孔灌注桩、爆扩灌注桩。

钢筋混凝土预制桩在工厂或施工现场预制,然后通过机械打入、压入、振入土中。预制桩制作简便,容易保证质量,承载力大,不受地下水位变化的影响,耐久性好,但自重大,运输吊装不便,施工时有较大振动和噪声,在市区对周围房屋有一定影响,并且造价也较高。

振动灌注桩是将端部带有活瓣桩尖,或预制桩尖的钢管通过机械沉入土中,至设计标高后,边浇混凝土边慢慢拔出钢管(如果采用预制桩尖就留在桩底),同时边捶击或振动钢管使混凝土密实,混凝土在孔中形成桩。桩的直径一般为 300mm。振动灌注桩的优点是造价较低,根据地质情况桩顶标高易控制,但也产生噪声和振动。

钻孔灌注桩是指使用钻孔机械在桩位上钻孔,取出孔中的土,然后在孔中灌注混凝土,成为混凝土灌注桩。如果在孔中先放入钢筋骨架再浇筑混凝土,就成为钢筋混凝土灌注桩。为了增大桩端的阻力,钻孔到设计标高时,利用扩孔刀具加大底部直径,灌注混凝土后成为带扩大桩端的灌注桩,这种桩称为扩底灌注桩(图 2-12)。钻孔桩的优点是没有振动和噪声,施工方便,造价较低,对周围房屋没有影响,如果装上钻冻土的钻头,冬期也可以施工,因此,这种桩被广泛采用。但桩尖处虚土不易清除,对桩基的承载力有所影响。

爆扩灌注桩简称爆扩桩。成孔方法有两种:一种是用人工或钻机成孔;另一种是先钻一细孔,在细孔内放入药条(装有炸药的塑料管)引爆成孔。然后用炸药爆炸扩大孔底,灌注混凝土,形成灌注桩(图 2-13)。因爆扩桩有球状扩大桩端,它的承载力较高,施工也不复杂,但炸药爆炸对周围房屋有一定影响,市区内受限制,并且炸药也有事故危险。

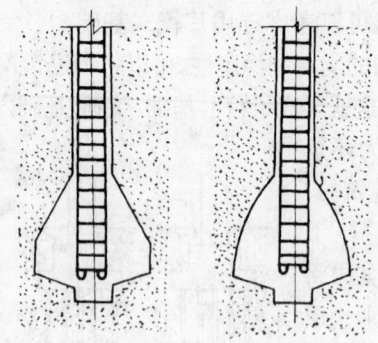

图 2-12　扩底灌注桩的扩大桩端

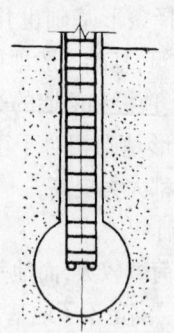

图 2-13　爆扩桩的扩大桩端

桩的布置与上部结构的承重方式以及荷载的大小等因素有关。当上部为墙体承重方式时,墙体下的桩成排布置,可以是单排,也可以是两排(两排时可对位或错位排列);当上部为骨架承重时,柱子下的桩可以是单根,但一般是对称的多根。桩距由计算确定,但不得小于

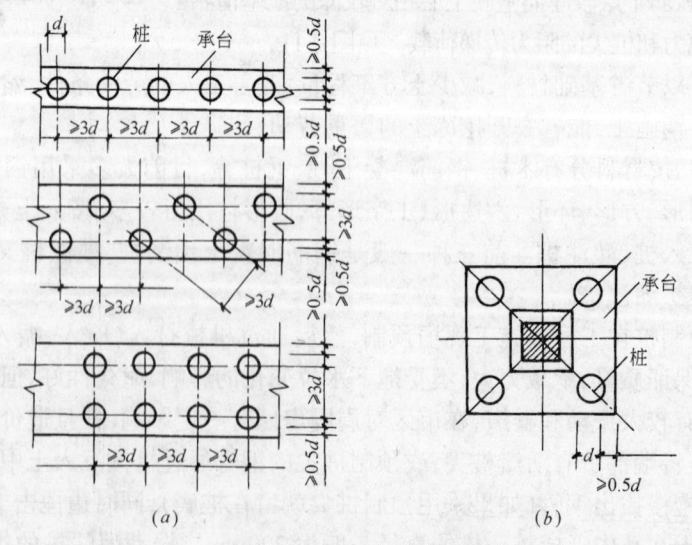

(a)　(b)

图 2-14　桩的布置示意图
(a)墙下桩基;(b)柱下桩基

3 倍的桩径或边长,扩底桩不宜小于 1.5 倍扩底直径,桩到承台边缘的距离不小于 0.5 倍桩径或边长。桩的布置见图 2-14。

桩的顶部要设置钢筋混凝土承台,用来支承上部结构。承台内的配筋要经过结构计算,并应满足上部结构的要求。桩的顶部应嵌入承台内,嵌入深度不宜小于 50mm,桩主要用于承受水平力时不宜小于 100mm。

第三节　影响基础埋置深度的因素

由室外设计地面到基础底面的垂直距离,叫做基础的埋置深度。

基础的埋置深度不超过 5m 时,称为浅基础。超过 5m属于深基础。从工程造价的角度讲,基础的埋置深度越小越好,但要适当。当基础埋置深度过小时,地基受到压力后可能会把四周的土挤走,导致基础失稳;另外,地表的土层有大量的植物根茎等易腐物质或垃圾类的杂填土,又受雨雪、寒暑等自然因素的影响较大,也会因机械碰撞等因素而"扰动",这些都是过于浅埋时的不利因素,甚至会导致整个建筑物的破坏。所以,在 0.5m 深度以内一般不作为地基,也就是说,基础的埋置深度不应小于 500mm(图 2-15)。

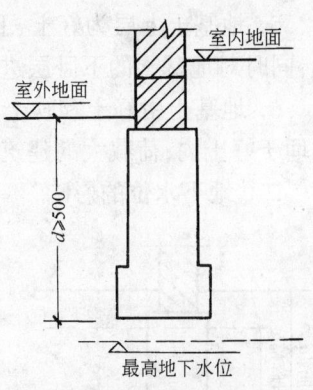

图 2-15　基础的埋置深度

影响基础埋置深度的因素很多,比如,根据房屋的用途是否有地下室,地下的设备基础和地下设施情况,房屋上部荷载的大小,基础的形式和构造等等,都会影响基础的埋置深度。当房屋上部的结构确定后,则主要考虑以下几个因素对基础埋置深度的影响。

一、地基土层构造的影响

房屋必须建造在坚实可靠的地基土层上,不能建造在承载力低、压缩性高的软弱土层上,否则会威胁房屋的安全。基础的埋置深度与土层构造的关系有六种典型的情况。如图 2-16 所示。

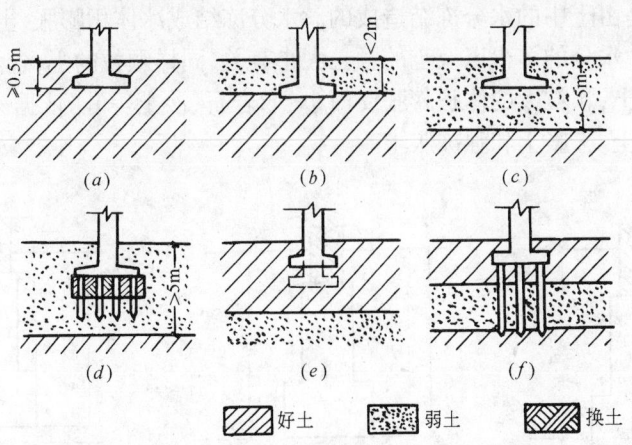

图 2-16　地基土层分布与基础埋深的关系

1. 地基土由均匀的、压缩性小的、承载力高的好土构成,基础尽量浅埋(图 2-16a)。

2．地基土上层为软土、下层为好土，且软土的厚度不大于2m时，基础埋在下层好土上（图2-16b）。

3．地基土上层为软土、下层为好土，软土层厚度大于2m小于5m时，上部荷载小的建筑物基础争取浅埋，但应加强上部结构，加大基底面积，必要时对地基进行加固；上部荷载大的建筑物基础埋在下层好土层上(图2-16c)。

4．地基土上层为软土、下层为好土，软土层厚度大于5m时，上部荷载小的建筑物基础尽量浅埋，必要时加强上部结构、增大基底面积；上部荷载大的建筑物，是埋在好土层上还是采用人工地基，要经过经济比较后再确定(图2-16d)。

5．地基土上层为好土、下层为软土，如果好土层有足够的厚度，此时的基础应该争取浅埋，同时对地基土的下卧层进行验算(图2-16e)。

6．地基土由好土和软土交替组成，对于荷载小的建筑物在不影响下卧层的情况下尽量浅埋于好土内；荷载大的建筑物采用人工地基或桩基础(图2-16f)。

二、地下水位的影响

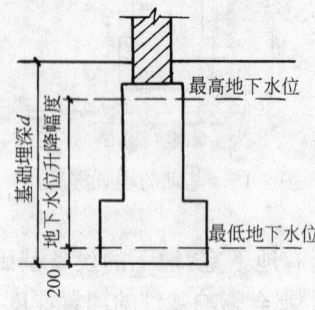

图2-17 地下水位较高时的基础埋深

地基土的含水量大小对它的承载力有直接的影响，比如黏性土含水量增加会导致体积膨胀、承载力下降。而在一年当中因雨季而影响地下水位又有枯水期和丰水期之分，房屋的基础埋在含水量有变化的地基土层内，对房屋的使用安全和寿命将带来不利影响。同时，地下水对基础施工也会带来一定的困难。因此，房屋的基础应该争取埋在最高地下水位线以上。

当地下水位很高、而房屋的基础又不得不埋得较深时，要避开地下水位变化的范围，将基础埋在最低地下水位线以下不小于200mm的土层内(图2-17)。此时选用的基础材料要有良好的耐水性，比如毛石、混凝土、钢筋混凝土等。

三、土的冻结深度的影响

土的冻结深度，主要与当地的气候有关。冬季室外气温低的寒冷地区，土的冻结深度也就大。土的冻结是由土中的水分冻结造成的。水分冻结成冰体积膨胀，土随之而体积膨胀，膨胀的大小跟土中水分的多少以及土的颗粒大小有关，同样颗粒的土，含水率高的体积膨胀大；同样含水率的土，颗粒大的体积膨胀反而小(如岩石、沙土等)。依据冻胀性地基土分为不冻胀土、弱冻胀土、冻胀土和强冻胀土。

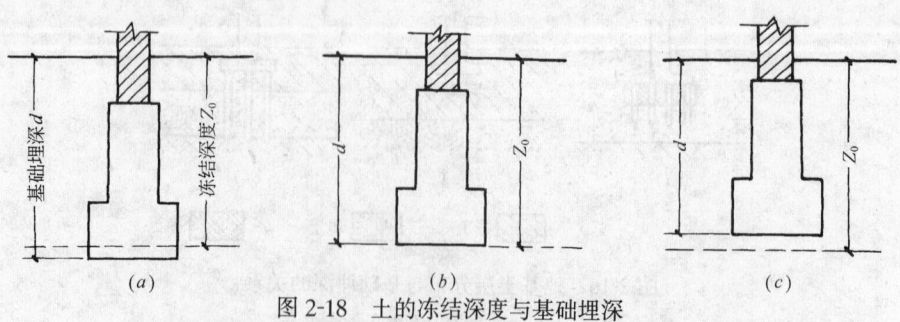

图2-18 土的冻结深度与基础埋深

(a)基础埋深大于冻深；(b)基础埋深等于冻深；(c)基础埋深小于冻深

在季节性冰冻地区，如果房屋的地基土是冻胀性土，冬天由于地基土的冻胀而将整个房屋拱起，解冻后房屋又将下沉。冻结与融化又是不均匀的，房屋各部的受力也是不均匀的，这都会对房屋的稳定性产生破坏(称之为冻害)。

为避免房屋受到冻害，建在冻胀性土地基上的房屋，基础底面应埋置于冰冻深度以下不小于 200mm(图 2-18a)。有时依据地基土的冻胀性类别、房屋采暖情况、室内外高差等条件，也可将基础埋在等于或小于冻结深度的土层内，具体要经过计算确定。

对于不冻胀土地基中的基础，埋置深度不受冻结深度的影响。

四、相邻建筑物基础的影响

在原有房屋附近贴邻建造新的房屋时，新建房屋基础的埋置深度，应小于原有房屋基础的埋置深度，以保证原有房屋的安全。

当新建房屋基础不得不埋得较深时，为了保证原有房屋的安全，新建房屋的基础必须离开原有房屋的基础一定的净距离。这个距离一般为这两个相邻基础底面高差的 $1 \sim 2$ 倍，即 $L \geqslant 1 \sim 2 \Delta d$(图 2-19)。

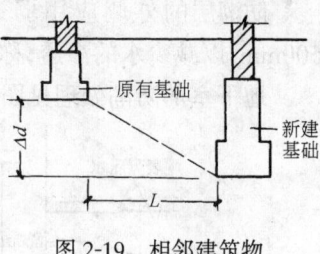

图 2-19　相邻建筑物基础埋深的影响

第四节　地下室及其防潮与防水构造

处在地下(或半地下)的房间称为地下室(或半地下室)。地下室可以增加一些使用空间，提高建筑的利用率，尤其是对于基础本身需要埋得较深的高层建筑，投资相对增加不多，却相对增加较多的使用面积。

地下室按功能分有普通地下室和人防地下室之分。普通地下室指没有防空功能的普通仓库、设备用房、停车库等，是地面建筑的向下延伸部分；人防地下室是指专门设置的战争期间人员隐蔽防御的工程，除了有一定厚度、坚固耐久外，还应有防止冲击波、毒气以及射线侵袭的特殊构造。同时，人防地下室应考虑和平时期的利用，做到平战结合。

地下室按构造形式分有全地下室和半地下室之分。全地下室是指地下室的顶板标高低于室外地坪，无法开窗采光，人防地下室大多属于这一类；半地下室则是指地下室的顶板标高高于室外地坪，侧墙上可以开设高侧窗，利于解决采光和通风问题，普通地下室多采用这种形式。全地下室开侧窗采光必须设采光井。

地下室一般由侧墙、底板、顶板、门和窗、采光井等部分组成(见图 2-20)。

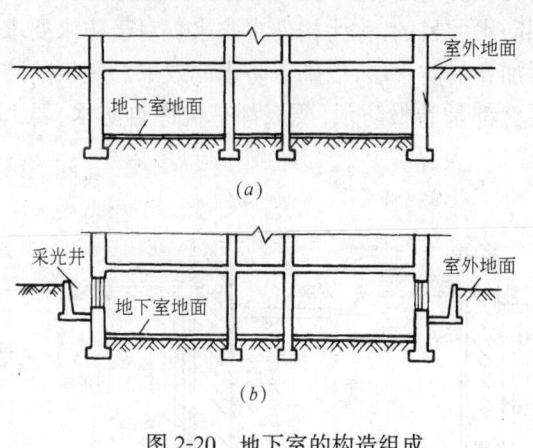

图 2-20　地下室的构造组成
(a)全地下室；(b)半地下室

一、地下室的防潮

地下室的外墙和底板都埋在地下，常年受到土中的水分和地下水的侵渗，如果没有相应的构造措施，轻则墙体抹灰脱落、墙体霉变，重则地下水渗进室内。具体采取什么措施，要看地下水位的高低。最高地下水位低于地下室地面，土壤中又没有形成滞水(暂时积存在土壤弱透水性层之上的无压水叫滞水)的可能时,地下室的外墙和底板是受土壤中的毛细管水的作用,属于无压水,只需要做防潮处理;当地下水位高于地下室的地面,地下室的侧墙和底板受有压水的作用,必须做防水处理。

地下室的防潮处理是在外墙的外侧做防潮层。一般采用涂刷热沥青防潮层,具体做法是先抹 20mm 厚水泥砂浆,然后刷冷底子油一道、热沥青两道。同时,在地下室的底板和顶板处的墙身上做水平防潮层各一道(具体做法见第三章)。

防潮层的外侧应用弱透水性土(如黏土、灰土等)回填,并分层夯实,宽度不小于 500mm,以减少水的渗透,称为隔水层。

地下室的防潮处理见图 2-21。

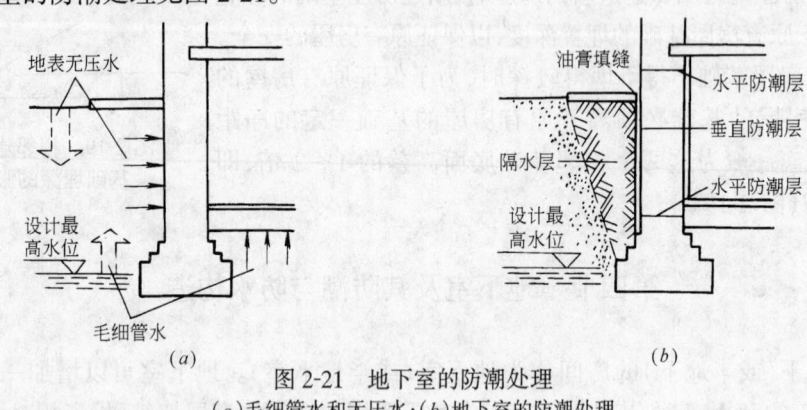

图 2-21　地下室的防潮处理
(a)毛细管水和无压水;(b)地下室的防潮处理

二、地下室的防水

当地下水位常年高于地下室地面,地下室受到有压水作用时,必须做防水处理。

目前,由于地下室墙体材料的不同,一般有卷材防水和钢筋混凝土构件自防水两种措施。砌体结构的地下室(比如砖墙),一般用卷材做防水层;地下室的墙体如果是钢筋混凝土结构,可以通过提高混凝土自身的密实性达到防水的目的,称为构件自防水。对于防水要求较高的建筑物,可以在构件自防水的外侧再附加卷材防水层,以确保防水的效果。底板的防水做法与地下室外墙的防水做法是统一的,要么都是卷材防水,要么都是构件自防水,要么是构件自防水外加卷材防水。

地下室的防水处理见图 2-22 和图 2-23。

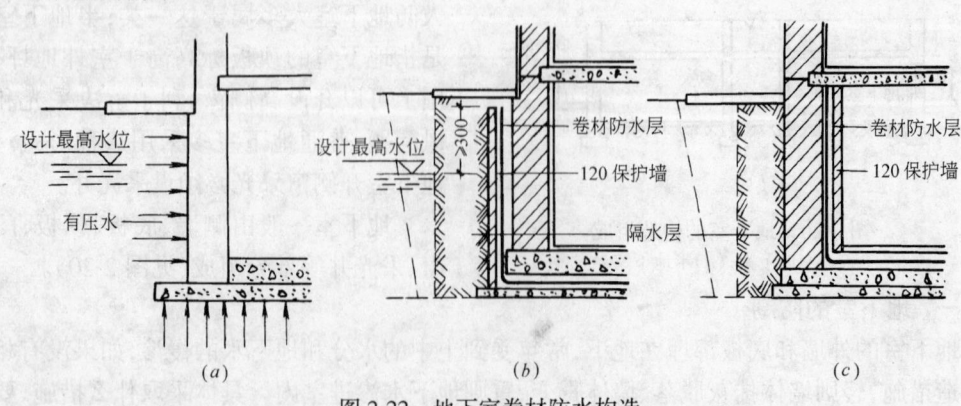

图 2-22　地下室卷材防水构造
(a)有压地下水;(b)卷材外防水;(c)卷材内防水

（一）卷材防水

根据防水层所处的位置不同分为外防水和内防水（图2-22）。外防水指防水层贴在地下室结构层的外侧，处于迎水面上，防水效果较好；内防水指防水层贴在地下室结构的内侧，处于背水面，防水效果较差，但便于施工、修补。一般外防水采用较多，内防水多用于修缮工程。

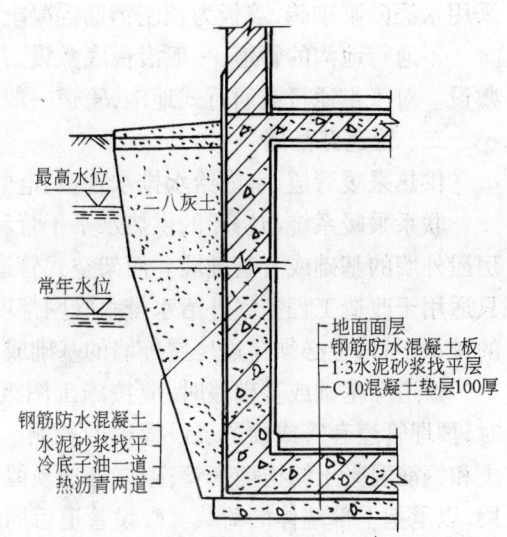

图 2-23　地下室构件自防水构造

防水层的层数，是根据地下水位的最大计算水头确定的。最大计算水头指最高设计地下水位高于地下室底板下皮的高度(m)。最大计算水头≤3m 时，用三层卷材（即三毡四油）；最大计算水头 3～6m 时，用四层卷材；6～12m时五层；>12m 时，用六层卷材。

防水层施工时，在地下室外墙表面抹20mm 厚1:3 水泥砂浆找平层，在找平层上粘贴卷材，并保证卷材高度高出最高水位 300mm。在防水层外要砌半砖厚的保护墙，保护墙与防水层之间的缝隙用水泥砂浆填实，以保证保护墙与防水层接触良好。外防水的保护墙下干铺油毡一层，沿长度方向每隔 5～8m 设通高的垂直断缝，保证保护墙在土的侧压力下紧紧压向防水层，真正起到保护防水层的作用。

墙身上的垂直防水层与地下室底板的水平防水层在转角部位的交接，必须牢固可靠，确保防水效果，处理不当将导致渗漏。一般有回接法和换接法两种处理方法。

（二）钢筋混凝土构件自防水

当地下室的墙体采用混凝土或钢筋混凝土结构时，可以与底板一起都采用防水混凝土浇注，使构件的承重、围护、防水功能三者合一。因为混凝土本身的防水性能就较好，如果再利用改善混凝土的级配、添加外加剂等措施，提高混凝土的密实性和抗渗性，制成防水混凝土，防水效果更佳。钢筋混凝土构件自防水不需单设防水层施工工序，施工简便。

防水混凝土墙和底板的厚度不能太薄，一般墙的厚度不小于 200mm；板的厚度不小于150mm。否则，会影响混凝土的抗渗效果。

为防止地下水的侵蚀，应在混凝土外墙上抹水泥砂浆后，涂刷热沥青两道。

地下室钢筋混凝土构件自防水的构造见图2-23。

防水要求较高的房屋，也可以在钢筋混凝土构件自防水的外侧，再做一道卷材外防水。

第五节　基础与管道的关系

一、管道地沟

采暖管道和给水排水管道，进户管均须埋地敷设，对环境质量要求较高的房屋，电缆进户线也应埋地敷设。埋地敷设的工程管线，可以采取直埋的方式。为便于维修也可采取管沟敷设的方式。采暖管道常常采用管道地沟敷设的方式。

管道地沟由底板、侧墙和盖板组成。底板一般为水泥砂浆砌砖或浇注混凝土，侧墙一般采用水泥砂浆砌砖,盖板为预制钢筋混凝土盖板。

不通行地沟的管道,一般沿板底敷设,并在管道接口处加以支撑,电缆可用支架沿沟壁敷设。对于半通行或通行式地沟,管道一般沿沟壁敷设于管道支架上。

二、管道穿基础

供热采暖管道、室内给水排水管道、电气管路都会与房屋的基础及基础墙发生关系。

联系采暖系统与房屋的供热水平干管和回水水平干管,除非采用架空式,一般都须穿过房屋外墙的基础或者基础墙。而架空式管道在室外纵横交错,影响外部环境,民用建筑一般只适用于改造工程。室外给水排水管网都埋在地下,通向室内的给水干管和房屋通向室外的排水干管,也必须穿过房屋外墙的基础或基础墙。

管道穿基础或基础墙时,应按施工图纸上标注的管道的平面位置及标高,在基础施工时,预埋管道套管或预留装设管道的孔洞。管道穿基础预留洞尺寸见表 2-1。一般是混凝土和钢筋混凝土结构埋套管;砌体结构预留孔洞。孔洞的尺寸较大时孔洞的上部要设置过梁,以承担上部墙体的荷载。敷设管道后周围的缝隙,用黏土填实,两端用 1:2 水泥砂浆封口(图 2-24a)。也可以先封堵沥青麻丝,再抹石棉水泥,最后两端用 1:2 水泥砂浆封口。在设计和施工时要尽量避免管道从基础下面穿过,因为管道敷设时会使原始状态的地基土变得疏松,必须经过处理后才能在上面施工基础。但有时这种情况也是难以避免的,比如基础的埋置深度很小而管道的埋置深度却很深时,管道就不得不从基础下进入室内(图 2-24b)。

管道穿基础预留洞尺寸		表 2-1
管径 d(mm)	50~75	≥100
预留洞尺寸(宽×高)	300×300	$(d+300)×(d+200)$

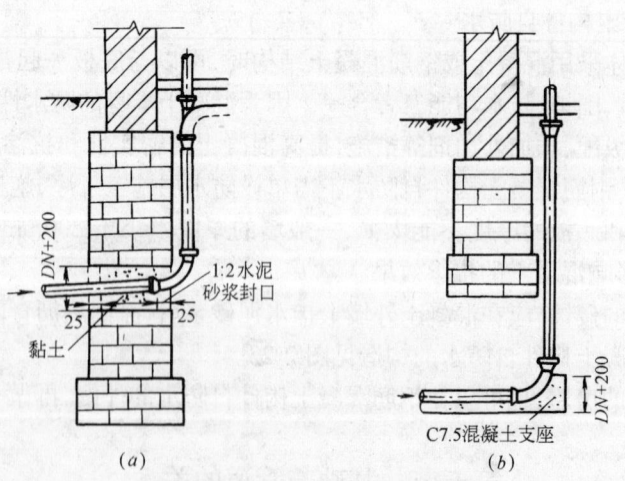

图 2-24 管道穿基础的构造
(a)管道穿基础墙;(b)管道位于基础下

导线和电缆埋地敷设时,一般不宜穿房屋和设备的基础,防止基础在有沉降发生时引起线路的破坏。必须穿基础时要穿管保护,使它具有足够的强度抵抗基础的沉降。一般穿线管采用无缝钢管,管内导线必须是没有接头的完整无损的整根导线。此时,像其他管道一样,基础墙内要预留孔洞或预埋套管。

复习思考题

1. 地基、基础个各指什么？地基、基础、荷载有什么关系？
2. 地基土如何分类？地基如何分类？
3. 基础按材料和受力特点分有几类？
4. 什么是刚性基础？刚性基础有哪些？有什么特点？
5. 什么是柔性基础？有什么特点？
6. 基础按构造形式分有哪些类型？各自的适用范围是什么？
7. 桩基础有哪些形式？
8. 影响基础埋置深度的因素有哪些？
9. 地下室有哪些类型？地下室的构造组成有哪些？
10. 根据什么确定地下室的防潮或者防水？
11. 地下室的防潮一般采取哪种做法？
12. 地下室的防水有哪些处理方法？
13. 管道如何穿基础？

第三章 墙 体

第一节 墙体的类型与要求

一、墙体的类型
建筑物的墙体按所在位置、受力情况、材料、构造方式及施工方法分为如下几种：

（一）按所在位置分

有外墙和内墙、横墙和纵墙。位于房屋两端的外横墙也叫山墙，外墙也叫檐墙。

（二）按受力情况分

有承重墙和非承重墙。非承重墙不承受外来荷载，它又分为隔墙和自承重墙。

（三）按材料分

有砖墙、石墙、土墙、钢筋混凝土墙以及利用工业废料制作的各种砌块墙等。

（四）按构造方式分

有实体墙、空体墙和组合墙。空体墙又分为空斗墙和空心砖砌块墙。

（五）按施工方式分

有叠砌墙、板筑墙和装配板材墙。

二、墙体的设计要求

（一）结构要求

1. 合理选择结构布置方案

墙体结构布置主要有横墙承重、纵墙承重、纵横墙混合承重和半框架承重墙四种（如图3-1 所示）：

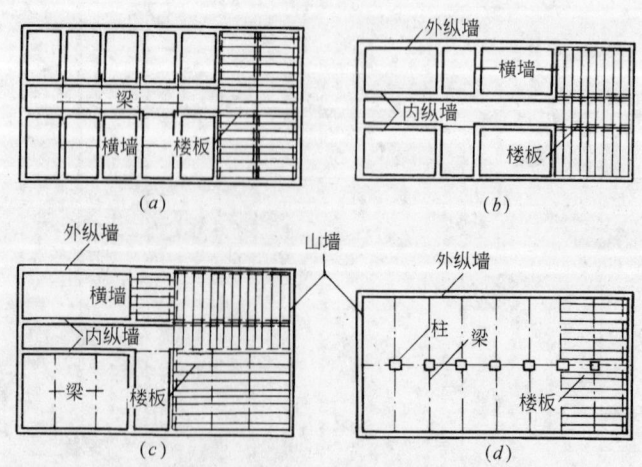

图 3-1 墙体结构布置方案

（a）横墙承重；（b）纵墙承重；（c）纵横墙承重；（d）半框架承重

（1）横墙承重：横墙数量多，房屋空间刚度大，整体性好，对抗风、抗震和调整地基不均匀沉降有利。适用于住宅、宿舍等。

（2）纵墙承重：平面布置灵活，能满足较大空间的要求，但房屋的刚度差，纵墙上开洞受限。适用于教学楼中的教室、实验楼等。

（3）纵横墙混合承重：平面布置灵活，空间刚度好，但施工较复杂。适用于房间变化较多的医院、教学楼等。

（4）半框架承重：可满足较大贯通空间，空间刚度较好，但耗用水泥钢材多。适用于商店、综合楼等。

2．具有足够的强度和稳定性

（1）强度是指墙体承受荷载的能力。它与所采用的材料类型、材料强度等级、墙体截面面积和施工技术有关。

（2）墙体的稳定性主要取决于墙体的高厚比，高厚比越大，稳定性越差。在设计墙身时，需经计算来满足强度和稳定性要求。承重墙的最小厚度为180mm。增加墙体稳定性的措施有：增加墙体厚度，提高材料强度，增设墙垛、壁柱、圈梁等。

（二）热工要求

热工要求主要是考虑墙体的保温和隔热。

1．墙体保温

热阻的大小决定着墙体的保温性能。为了提高墙体的保温性能常采取以下措施提高墙体的热阻。

（1）增加墙体厚度：热阻与其厚度成正比，因此墙体厚度的增加可以提高热阻，满足保温性能。

（2）选择导热系数小的墙体材料制作成复合墙体，既能承重又可保温。常将保温材料放在靠近低温一侧，或在墙体中部设置封闭的空气间层或带有铝箔的空气间层，以满足保温要求（如图3-2所示）。

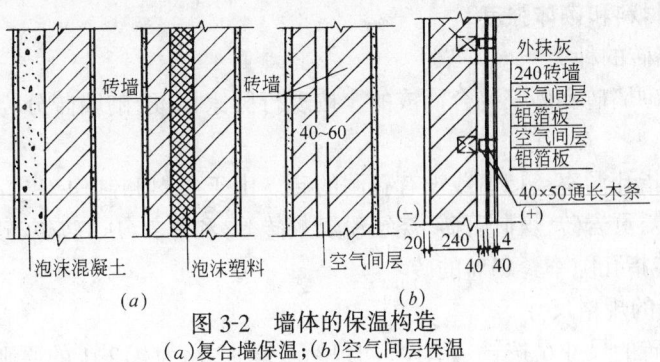

图3-2　墙体的保温构造
（a）复合墙保温；（b）空气间层保温

（3）设隔汽层：寒冷地区，冬季外墙两侧温差较大，室内水蒸气会向室外低温一侧渗透。为防止墙体内部产生凝结水，降低材料的保温性能，常在墙体保温层靠高温一侧设隔汽层，一般采用沥青卷材、隔汽涂料等（如图3-3所示）。

此外，还应注意将建筑物尽量设在避风、向阳的地段；其平、立的凹凸面不宜过多，减少体形的外表面积，体形系数控制为0.3以下较

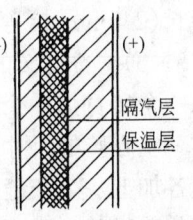

图3-3　隔蒸汽措施

好。同时外墙上的窗墙比也不宜过大,以利于整幢房屋的保温。

2. 墙体隔热

我国南方地区、长江流域属湿热气候,为降低夏季外墙内表面温度,使人感觉舒适,常采取以下措施:

(1)外墙用浅色平滑面饰面。(2)外墙内部设通风间层。(3)外墙窗口设遮阳构件。(4)外墙外表面种植攀缘植物。

(三)隔声要求

噪声传递有两种形式:一是空气传声,如讲话声、收音机声或航空噪声;二是固体传声,如撞击声和振动声。对墙体来说主要是隔空气传声。墙体隔声能力主要取决于墙体的隔声量。隔声量的大小主要与墙体的单位面积质量有关。单位面积质量密度越大,隔声量越大,隔声性越好。另外,双层墙隔声性能优于单层墙。

(四)防火要求

选择墙体材料的耐火极限和燃烧性能应能满足《建筑设计防火规范》(GBJ 16—87)中附录二的要求。在较大规模的建筑中应设置防火墙,采用不燃烧体材料,阻止火灾蔓延。

此外,墙体还应考虑满足防潮、防水、经济及适应建筑工业化的要求。

(五)减轻自重、降低造价的要求

在进行墙的构造设计时,墙体除了必须满足上述各项要求外,还应力求选用表观密度小的材料,通常称轻质材料。这样可以减轻墙体自重,节省运输费用,从而降低造价。

(六)适应工业化生产的要求

要逐步改革以普通黏土砖为主的墙体材料,采用预制装配式墙体材料和构造方案,为生产工厂化、施工机械化创造条件。

第二节 墙体的材料与性能

一、砌墙材料和砌体强度

(一)砌墙砖的种类

砖墙是由砌墙砖和砂浆砌合而成的。按现行国家标准,砌墙砖分为普通砖和空心砖两大类。

普通砖系指孔洞率<15%或没有孔洞的砖。由于原料和制作工艺不同,普通砖又分为烧结砖(黏土砖、页岩砖、煤矸石砖、烧结粉煤灰砖等)和蒸养(压)砖(灰砂砖、粉煤灰砖、炉渣砖等)。空心砖指孔隙率≥15%的砖。

(二)墙砖的规格尺寸

我国普通砖的尺寸是按长、宽、厚(均包括灰缝)之比为 4:2:1 的原则制定的。它使一个砖长(240mm)恰等于两个砖宽加灰缝(115×2+10),或等于 4 个砖厚加三个灰缝(53×4+9.5×3)。普通砖的这个尺寸关系便于组砌成以砖厚为基数的任何尺寸。在工程实践中常以一个砖宽加一个灰缝(115+10=125)的尺寸为基数确定墙各部分的尺寸。

空心砖的尺寸分两种情况,一种符合模数制,如 190mm×190mm×90mm 的砖长、宽、高各加上一个灰缝即为200mm×200mm×100mm。另一种为便于与普通砖配合使用,长和宽与普通砖一致,只是砖厚改为符合模数制的尺寸,如 240mm×115mm×95mm;或砖宽符合模数制,如 240mm×180mm×115mm。

砌墙砖的强度等级是由它的抗压强度和抗折强度确定的,烧结普通砖、烧结多孔砖等的强度等级分为 MU30、MU25、MU20、MU15、MU10 五个等级。蒸压灰砂砖、蒸压粉煤灰砖的强度等级为 MU25、MU20、MU15 和 MU10 四个等级。

(三) 砌墙用砂浆

砌墙用的砂浆是由胶凝材料(水泥、石灰、黏土等)和填充材料(砂、矿渣等)混合加水搅拌而成。常用的有水泥砂浆、水泥石灰砂浆。水泥砂浆主要用于砌筑基础,砌墙一般用水泥石灰砂浆。石灰砂浆和黏土砂浆因强度较低,多用于砌筑非承重墙或荷载不大的承重墙。

砌筑砂浆的强度等级是由它的抗压强度确定的,共分为 M15、M10、M7.5、M5、M2.5 五个等级。

(四) 砖砌体的强度

从结构角度称砖墙为砌体,砌体强度取决于砖和砂浆的强度等级。砖的强度在砌体强度中的作用比砂浆大。在工程实践中应优先采用提高砖的强度等级的办法提高砌体强度,其次才考虑提高砂浆的强度等级。

第三节　砖墙的尺寸、组砌方式及细部构造

一、实心砖墙的尺寸

实心砖墙指用普通砖(其中主要是普通黏土砖)砌筑的墙。实心砖墙用砖块的长、宽、高作为砖墙厚度的基数,在错缝或墙厚超过砖块时,均按 10mm 的灰缝进行组砌,如图 3-4 所示。砖墙一般以砖长为基数来称呼它的厚度,如一砖厚、半砖厚等。当灰缝宽度按 10mm 计算时,砖墙厚度的尺寸见表 3-1。

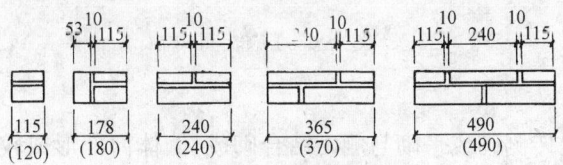

图 3-4　墙厚与砖规格的关系

砖墙的厚度(mm) 表 3-1

墙厚名称	6厚墙	12墙	18墙	24墙	37墙	49墙
标志尺寸	60	120	180	240	370	490
构造尺寸	53	115	178	240	365	

二、砖墙的组砌方式

砖墙的组砌方式简称砌式,是指砖在砌体中的排列方式。为了砖墙坚固,砖的排列方式应遵循内外搭接、上下错缝的原则,错缝距离一般不小于 60mm。错缝和搭接能够保证墙体不出现连续的垂直通缝,以提高墙的强度和稳定性。

(一) 实心砖墙

实心砖的组砌方式如图 3-5、图 3-6、图 3-7、图 3-8 所示。全顺式砌筑每皮均为顺,砖的条面外露,砖叠砌上下皮错缝120mm,适用于 1/2 砖厚的墙。一顺一丁式砌筑为顶砖和顺

砖隔层砌筑,上下皮的灰缝错开 60mm,这种组砌砌筑的墙整体性好,广泛用于一砖厚的墙体。3/4 砖厚的墙是由两皮顺砖和一皮侧砖为一层交替组砌而成,对工人的技术水平要求高也费工。每皮丁顺相间式,也叫沙包式、梅花丁式,是在一皮之内丁砖和顺砖相间,上下皮错缝组砌。它墙面美观,但费工,适用于清水砖墙。

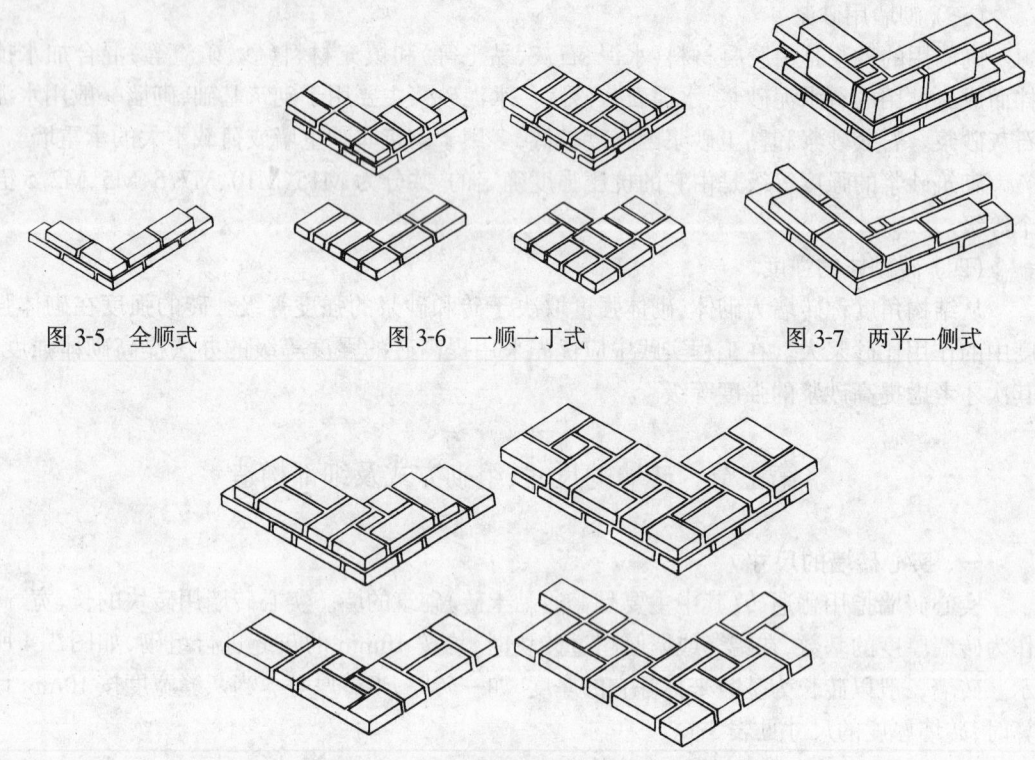

图 3-5 全顺式   图 3-6 一顺一丁式   图 3-7 两平一侧式

图 3-8 丁顺相间式

（二）空斗墙

空斗墙是用普通砖侧砌或平砌与侧砌结合砌成,墙体内部形成较大的空心。这种墙用料省、自重轻,基础的用料和费用也相应减少,但对砖的质量和对工人的砌砖水平要求高。空斗墙内部形成的空气层有利于隔热,故在温暖地区和炎热地区常采用。在空斗墙中,侧砌的砖称斗砖,平砌的砖称眠砖,空斗墙的砌法有两种。如图 3-9、图 3-10 所示。

（三）空心砖墙

空心砖分为竖孔和横孔两类,砌筑承重墙时应用竖孔空心砖,横孔空心砖用于砌筑非承重墙。目前采用的普通黏土砖,表观密度约 1800～1900kg/m³,导热系数 = 0.814W/(m·K)。由于空心砖有孔洞,故其表观密度比普通黏土砖小,一般为 1000～1500kg/m³,导热系数也小,约为 0.409～0.625W/(m·K)。显然空心砖墙较普通砖墙自重小、保温（隔热）性能好、造价低。用空心砖砌墙时,多用整砖顺砌法。

（四）复合墙

复合墙的复合方式一般有三种:即在墙的一侧敷设保温材料、在墙中间填充保温材料、在墙中间设置空气间层。在产石材的地区用石材砌墙时,也可用石材和砖砌成复合墙。因砖的导热系数比石材小,故把砖视为保温材料。复合墙的构造见图 3-11。

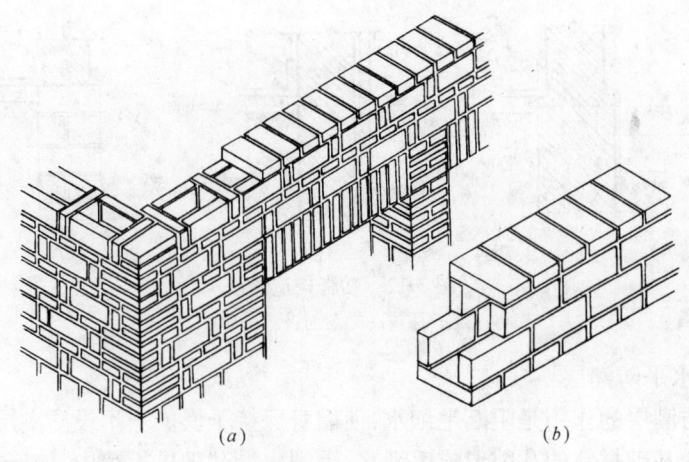

图 3-9　有眠空斗墙
(a)一斗一眠；(b)二斗一眠

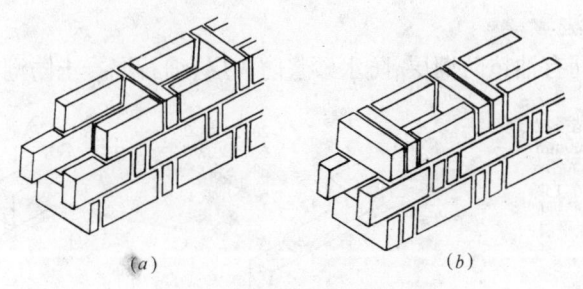

图 3-10　无眠空斗墙
(a)一丁斗一顺斗；(b)二丁斗一顺斗

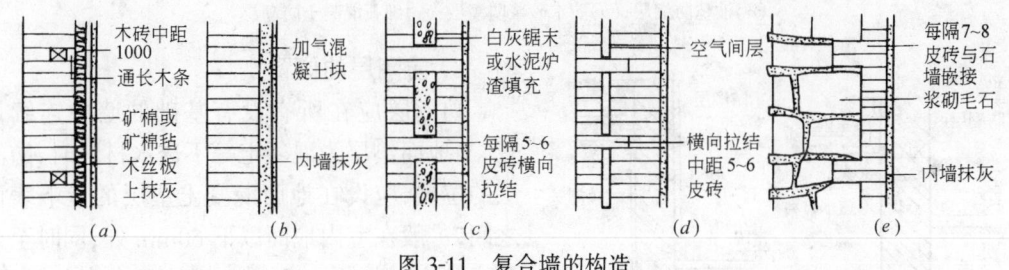

图 3-11　复合墙的构造
(a)、(b)单面敷设保温材料；(c)在空心中填充保温材料；(d)在墙中间留空气间层；(e)砖石复合墙

三、砖墙的细部构造

(一) 勒脚

勒脚是外墙外侧与室外地面接近的部位。

勒脚有三个作用：一是保护墙脚，防止各种机械碰撞；二是防止地面水对墙脚的侵蚀；三是美观，对建筑物的立面处理产生一定效果。所以勒脚应坚固、防水和美观。

勒脚的高度，在考虑防水和机械碰撞时，应不低于 500mm；从美观角度看，勒脚的高度应由立面处理确定。

勒脚的构造见图 3-12。

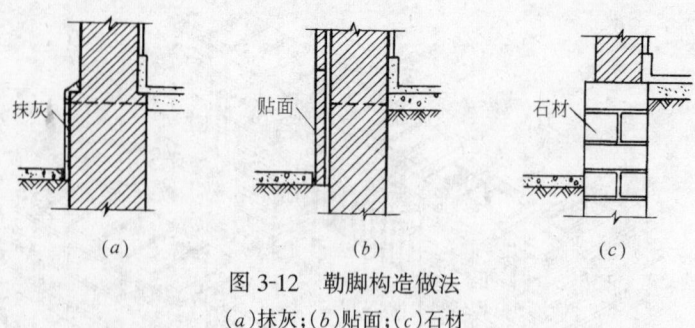

图 3-12　勒脚构造做法

(a)抹灰；(b)贴面；(c)石材

(二) 墙身水平防潮层

墙身水平防潮层的作用是阻断毛细水,使墙身保持干燥。当不设防潮层时,基础周围土壤中的水分进入基础材料的孔隙形成毛细水,毛细水沿基础进入墙内,使墙身潮湿。为了隔断毛细孔,阻止毛细水进入墙内,通常在勒脚部位设置连续的水平阻水层,称墙身水平防潮层,简称防潮层。

1.防潮层的做法

根据材料的不同有油毡防潮层、防水砂浆防潮层、细石混凝土防潮层,如图 3-13 所示。

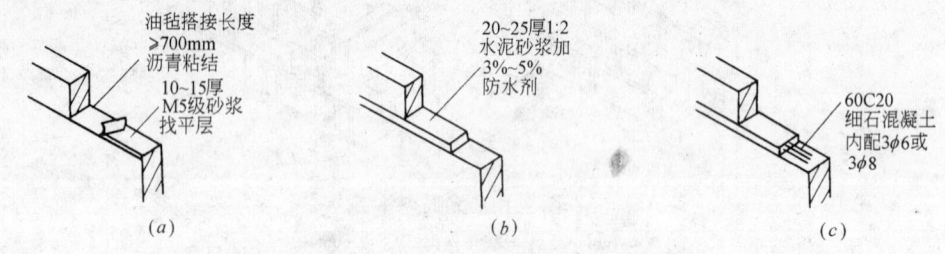

图 3-13　墙身水平防潮层

(a)油毡防潮层；(b)防水砂浆防潮层；(c)细石混凝土防潮层

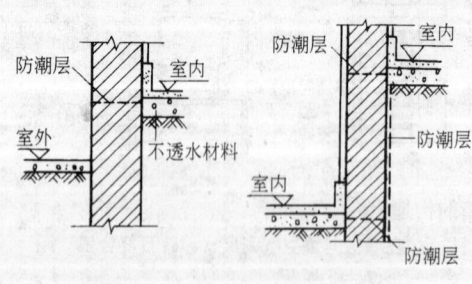

图 3-14　墙身防潮层的位置

2.防潮层的位置

防潮层应在所有设有基础的墙中连续设置,当地面垫层为混凝土等不透水材料时,防潮层的位置,应设在地面混凝土垫层的上下表面之间,一般在室内地面以下 60mm 处,同时至少要高于室外地平 150mm。当地面有高差时,应在墙体内设置高低两道水平防潮层,并在靠近土壤一侧设置垂直防潮层。其构造见图 3-14。

(三) 散水

房屋四周的地面水渗入地下时,会增加基础周围土的湿度,这不仅使基础含水率增加,还可能降低地基承载力。因此,要在房屋四周勒脚与室外地面相接处,设散水,把勒脚附近的地面水排走。

散水又称排水坡、护坡。当屋面为无组织排水时,为防止由屋檐下泻的水冲刷房屋四周地面土壤,沿外墙四周室外地面做向外倾斜的坡面,将雨水排至远处,即为散水。散水宽度一般不小于 600mm,并应比屋檐挑出的宽度大 150～200mm。散水的坡度一般为 3%～

5%。混凝土散水每隔6～12m应设伸缩缝,伸缩缝及散水与外墙接缝,均应用热沥青填充,散水的构造见图3-15。

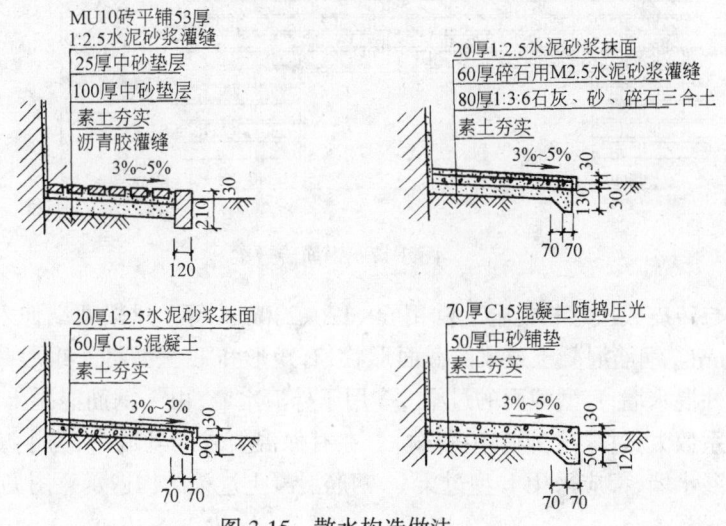

图3-15　散水构造做法

（四）门窗过梁

门窗过梁是专指门窗洞口上的横梁。过梁的作用是支承洞口以上的砌体重量和梁、板传来的荷载,并把这些荷载传给门窗间墙。

过梁的种类很多,选用时依洞口跨度和洞口以上的荷载不同而异。目前常用的有砖砌过梁和钢筋混凝土过梁两类,砖砌过梁又分砖砌平拱和钢筋砖过梁两种。

1. 砖砌平拱过梁

砖砌平拱过梁是砖墙中的一种传统作法,亦称平券,其构造见图3-16,其跨度不应超过1.2m。

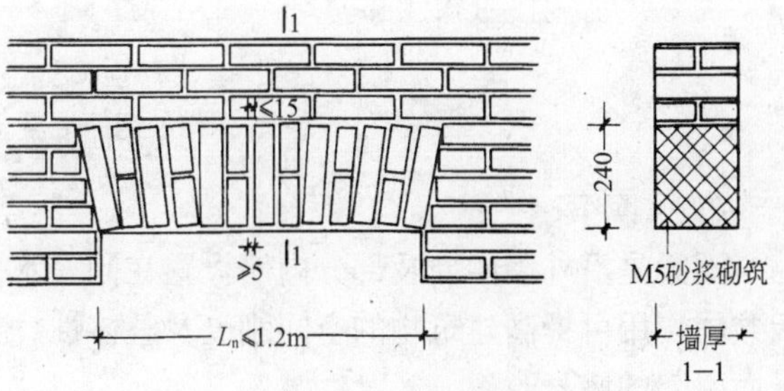

图3-16　砖砌平拱

2. 钢筋砖过梁

钢筋砖过梁是用砖平砌,并在灰缝中加适量钢筋的过梁。由于它的组砌方式与砖墙相同,所以采用比较广泛。钢筋砖过梁应用不低于MU10的砖和不低于M5的砂浆砌筑,并在第一皮砖下的砂浆层内放置钢筋。过梁的高度应经计算确定,一般不少于5皮砖,同时不小于洞口跨度的1/5。钢筋砖过梁底面砂浆处的钢筋,其直径不应小于5mm,间距不宜大于120mm。钢筋伸入支座砌体内的长度不宜小于240mm。为保护钢筋免遭锈蚀和使钢筋与砖砌体共同工作,底面砂浆层的厚度不宜小于30mm。钢筋砖过梁的构造见图3-17,其跨度不应超过1.5m。

3. 钢筋混凝土过梁

当门窗洞口跨度超过2m,或荷载较大,或有较大振动荷载,或可能产生不均匀沉降的房屋,应采用钢筋混凝土过梁。按施工方式不同,钢筋混凝土过梁分为现场浇捣和预制装配两种。

钢筋混凝土过梁的截面尺寸,应根据跨度及荷载计算确定。为了与砖墙的厚度相适应。

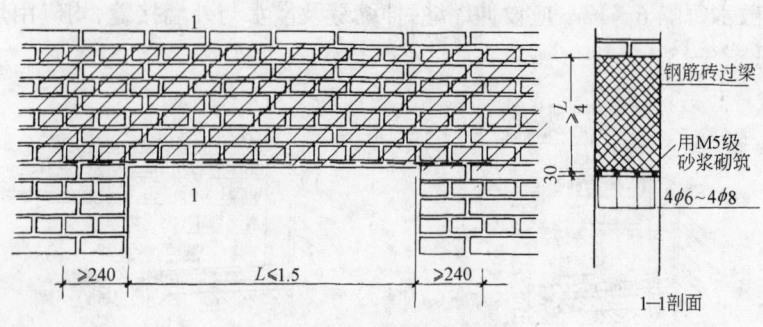

图 3-17　钢筋砖过梁

过梁的高度与砖皮数尺寸相配合。常用 60、120、240mm 等。过梁两端伸入墙内的长度,应各不小 240mm。钢筋混凝土过梁的截面形状,有矩形和 L 型两种。矩形截面的过梁,一般用于内墙或外混水墙;L 型截面的过梁,多用于外清水墙,由于钢筋混凝土的导热系数比砖砌体的导热系数大,过梁成为墙中的热桥。在有保温要求的外墙中,为了减少热损失,不论清水墙还是混水墙,都应采用 L 型过梁。钢筋混凝土过梁的构造示意图见图 3-18。

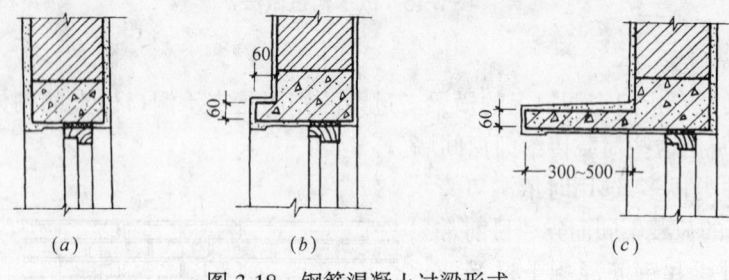

图 3-18　钢筋混凝土过梁形式

(五) 圈梁

圈梁是沿外墙四周及部分内墙设置在同一水平面上的连续闭合交圈的梁。圈梁配合楼板共同作用可提高建筑物的空间刚度及整体性,增加墙体的稳定性,减少由于地基不均匀沉降而引起的墙身开裂。

圈梁有钢筋砖圈梁和混凝土圈梁两种。钢筋砖圈梁就是将前述的钢筋砖过梁沿外墙和部分内墙一周连通砌筑而成。钢筋混凝土圈梁的高度应为砖厚的整数倍,并不小于 120mm,宽度与墙厚相同,在寒冷地区可略小于墙厚,但不宜小于墙厚的 2/3,如图 3-19 所示。

当圈梁被门窗洞口截断时,应增设附加圈梁,其断面、配筋及混凝土强度均不变,如图 3-20 所示。

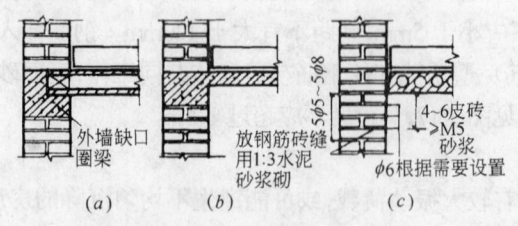

图 3-19　圈梁构造
(a)圈梁与楼板标高相同;(b)楼板底的圈梁;(c)钢筋砖圈梁

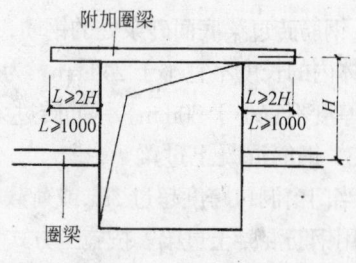

图 3-20　圈梁搭接

圈梁的位置:当只设一道圈梁时,应位于屋面檐口下面;当设几道圈梁时,可分别位于屋面檐口、基础顶面、楼板底或门窗过梁处。为节约材料,楼板底的圈梁可与门窗过梁合并。在抗震设防地区,圈梁必须紧靠楼板底或和预制板同一标高设置。

圈梁的数量:应根据房屋的高度、层数、墙厚、地基条件和地震等因素确定。对于单层或三层以下建筑物一般需在檐口处设一道;层数增多时,可隔层设置;当地基软弱或不均匀时,须在基础顶面增设一道。对有抗震设防要求的房屋,其圈梁一般按《建筑抗震设计规范》(GBJ 11—89)中规定设置。

（六）窗台

窗台是窗洞下部的排水构造,它排除窗外侧流下的雨水和内侧的冷凝水。设于室外的称外窗台,设于室内的称内窗台。

窗台应有不透水的面层,并应自窗向外倾斜。窗台外缘应挑出墙面 60mm 左右。按所用材料不同,窗台有砌砖和预制钢筋混凝土两种,其构造见图 3-21。砖砌窗台造价低、砌筑方便,故采用较多。砖砌窗台有平砌和侧砌两种,窗台坡度可用斜砌的砖形成,也可以由抹灰形成。

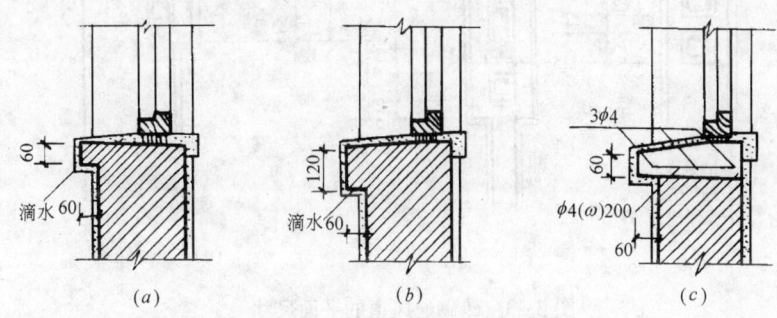

图 3-21　窗台构造做法
(a)60 厚砖窗台;(b)120 厚砖窗台;(c)混凝土窗台

窗台底面外缘处应做滴水,即做成锐角或半圆凹槽,以免排水时沿底面流至墙身。

（七）烟道

在设有燃煤(或薪柴)炉灶的建筑中,常在墙内或附墙砌筑烟道。烟道断面如图 3-22 所

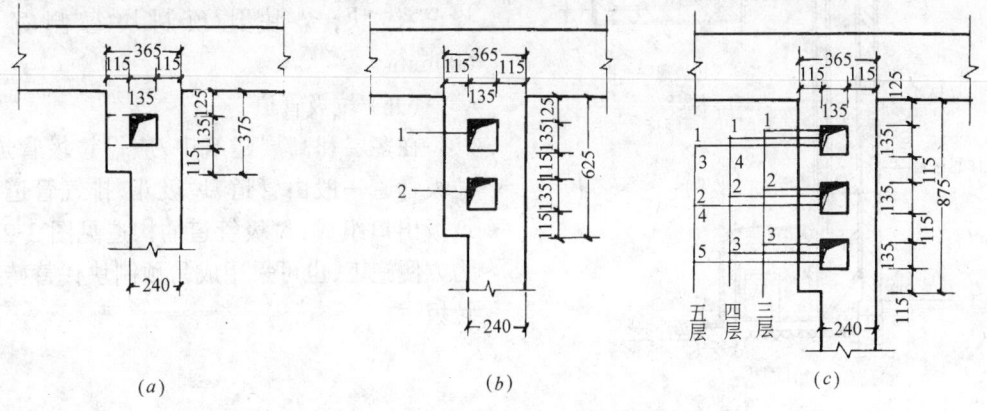

图 3-22　砖砌烟道示意图
(a)平房;(b)二层楼;(c)三、四、五层楼

示。砖砌烟道的断面尺寸不小于135mm×135mm,孔道外壁厚及两个孔道之间厚度不得小于115mm。烟道应砌筑密实,并随砌随用砂浆将内壁抹平,在烟道底部应设除灰口用于清灰,除灰口平时应密闭。

（八）风道

严寒和寒冷地区的建筑,或人数较多的房间及空气污浊的房间,应设置通风道。通风道常设在内墙中,如必须设在外墙中时,通风道边缘距墙外缘的距离不宜小于370mm。通风道的平面尺寸见图3-23。排气口在顶棚下300mm左右,并用铁箅子盖住。通风道除断面尺寸与烟道不同外,有关的构造要求均与烟道相同。如能将烟道与通风道相间布置在一起,可利用烟气加热通风道内的空气,增加热压以加强通风效果,但二者不能混用。

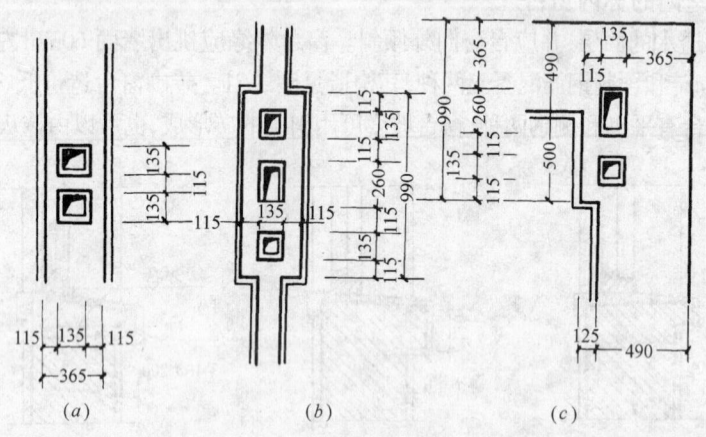

图3-23　砖砌通风道的平面尺寸
(a)砖砌普通通风道;(b)砖砌子母通风道;(c)外墙中的通风道

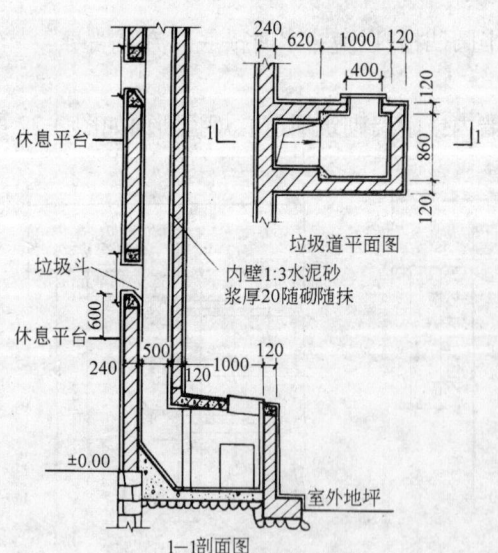

图3-24　砖砌垃圾道

为施工方便,可采用预制成品代替砖砌烟道、砖砌风道。预制块孔径160mm,高170mm,一般有一孔和两孔两种类型。在烟道处,为增加楼板的搁置长度,应在楼板下设置垫块,垫块比预制块每侧宽出600mm。

（九）垃圾管道

在多层和高层建筑中,应设垃圾管道。垃圾管道一般由管道、垃圾斗、排气管道和垃圾出口组成,垃圾管道的构造见图3-24。为方便施工,也可采用成品预制块代替砖砌垃圾道。

第四节　隔墙的构造

隔墙是分割建筑物内部空间的非承重内墙,有重量轻、厚度薄、隔声、耐火、耐湿、耐腐蚀和便于拆装的要求。

一、隔墙的类型
按构造方式隔墙可以分为砌筑隔墙、轻骨架隔墙和板材式隔墙三种。

二、隔墙的构造
(一)隔墙
1.砖隔墙

在砖混结构房屋中,由于普通砖取材方便,砖隔墙是目前采用最广泛的一种隔墙。普通砖隔墙按厚度分为 1/4 砖厚和 1/2 砖厚两种。

1/4 砖隔墙,是用砖侧砌而成,其厚度的标志尺寸为 60mm,砌筑砂浆一般不应低于 M5。这种隔墙稳定性差,一般用于没有门或面积较小的隔墙。

1/2 砖隔墙的标志尺寸为 120mm,砌墙用砂浆的强度等级不应低于 M5。当墙高大于 3m 或墙长大于 5m 时,要采取加固措施。在隔墙顶部与楼板相接处,为使隔墙不承重且与楼板之间挤紧,可用立砖斜砌,或预留 30mm 左右的缝隙,每隔 1m 用木楔打紧,然后用砂浆填缝。砖隔墙的构造见图 3-25。

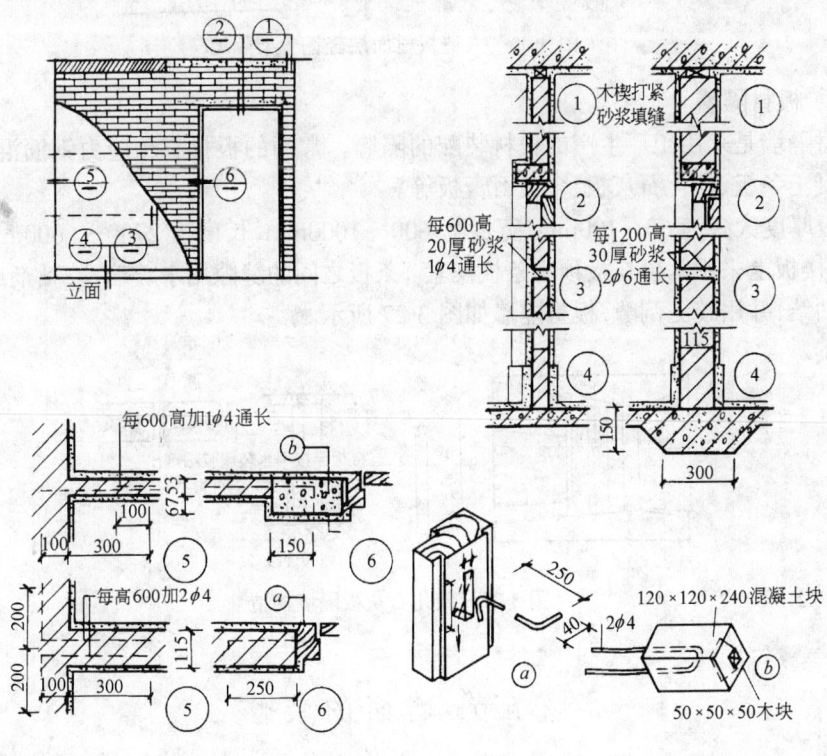

图 3-25　砖隔墙构造

2．砌块隔墙

砌块隔墙目前采用加气混凝土,加气混凝土砌块的表观密度为 $500kg/m^3$ 左右,它的尺寸以 25mm 为基数,用于砌筑隔墙砌块厚度一般为 90~120mm,加固措施与砖隔墙的类似。但因砌块吸水量大,故在砌筑时首先在墙下部砌筑三皮实心砖后再砌砌块。

(二) 骨架隔墙

它是在骨架两侧镶钉胶合板、石膏板或其他薄板构成的隔墙,它的龙骨可以用木材、薄壁型钢等材料制作,面板可用镀锌螺丝、自攻螺丝或金属夹子固定在骨架上,如图 3-26 所示。龙骨的中距一般为 500mm,为提高隔墙的隔声能力,在面板间填岩棉等轻质弹性材料。

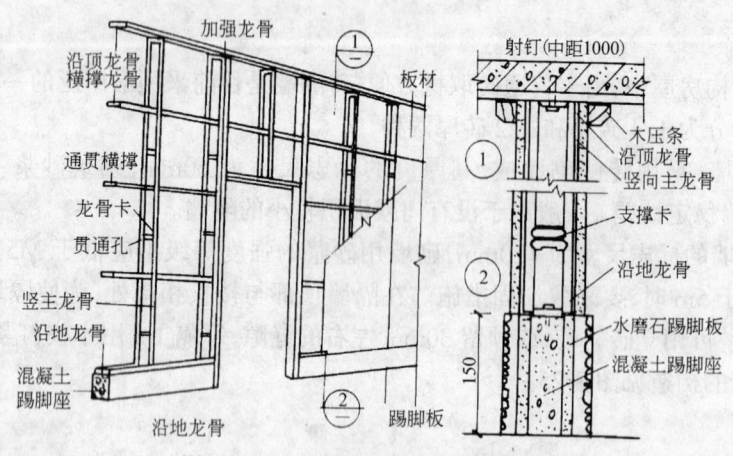

图 3-26 人造板材面层轻钢骨架隔墙

(三) 板材隔墙

板材隔墙是采用工厂生产的板材装配的隔墙。常用的板材有预应力钢筋混凝土薄板、加气混凝土条板、碳化石灰板、多孔石膏板等。

条板厚度大多为 60~100mm,宽度为 600~1000mm,长度为 2700~6000mm。安装条板时,在楼板上采用木楔在板顶将条板楔紧,条板之间的缝隙用水玻璃、胶粘剂或 108 胶水泥砂浆粘结,并用胶泥刮缝,板材隔墙如图 3-27 所示。

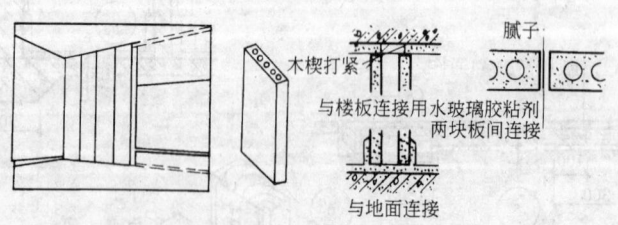

图 3-27 碳化石灰板隔墙构造

第五节 墙面的装修

一、墙面装修的作用

墙面装修的主要作用是:保护墙体,提高墙体的防潮、防风化能力,增强其坚固耐久性;

堵塞墙体孔隙,改善其使用功能,美化环境,提高建筑的艺术形象。

二、墙面装修的分类

(一) 按装修部位分类

按装修部位分类,墙面装修可分为室外装修和室内装修两类。室外装修应采用强度高、耐水、抗冻性好、能抵抗大气侵蚀的材料。室内装修材料则应区别不同房间和部位,要求有一定的强度和耐水性,不要求抗冻结和耐大气侵蚀。

(二) 按材料和工艺分类

按装修所用材料和施工方法分类,墙面装修分为抹灰、贴面、涂刷、裱糊和铺钉五类。

三、墙面装修构造

(一) 抹灰类

抹灰用各种砂浆,大部分在硬化过程中随着水分的蒸发,体积要收缩。当抹灰层厚度过大时,将因体积收缩而产生裂缝。为了避免出现裂缝,保持抹灰层牢固和表面平整,抹灰要分层进行。标准较高的装修,抹灰分底层、中层、面层;一般标准的装修只由底层和面层构成。抹灰底层的作用是与基层(墙体的表面)粘结和初步找平。抹灰中层的作用是进一步找平和弥补底层砂浆的干缩裂缝。抹灰面层的作用是装饰,故应平整、均匀。所用材料按不同要求为各种砂浆或水泥石渣浆。抹灰面层的总厚度依位置不同而异,室外抹灰一般为 15～25mm,室内抹灰一般为 15～20mm,室内顶棚抹灰平均为 12～15mm。

1. 混合砂浆抹灰

抹灰所用混合砂浆一般用 1:1:6 的水泥、石灰膏和砂拌成,底层与面层材料相同。面层可以用木蟹(拉板)磨光,也可用铁抹压光。前者表面平整但没有光泽,后者表面光滑。当采用白色石屑作骨料,用于室外抹灰时,呈银灰色,在一定时间内装饰效果较好。季节性冰冻地区房屋的室外饰面,须有一定的抗冻性能。混合砂浆经 15 次冻融循环,表面即出现剥落现象,故这类地区不宜用混合砂浆作室外抹灰的面层。

2. 水泥砂浆抹灰

常用 1:3 水泥砂浆打底,用 1:2.5 水泥砂浆抹面。由于水泥砂浆结构致密,有一定的抗水性,常用于室外饰面和厨房、厕所等潮湿房间的墙裙。用于室外时用木蟹(拉板)磨光,用于墙裙时应用铁抹压光。

3. 纸筋、麻刀灰罩面

纸筋灰或麻刀灰用于内墙罩面,表面平滑细腻。纸筋、麻刀等纤维材料起拉结作用,使其不易开裂、脱落,增强耐久性。这种灰浆内没有骨料,如果抹得过厚仍将产生干缩裂缝,故其厚度不应超过 2mm。此时饰面的平整度要靠底层抹灰保证。纸筋灰和麻刀灰饰面,可以再喷刷大白浆等其他饰面材料,也可以直接作为内墙饰面。

4. 膨胀珍珠岩灰浆罩面

膨胀珍珠岩灰浆,是以膨胀珍珠岩为骨料、水泥或石灰膏为胶结材料的灰浆。它具有表观密度小、导热系数小、保温效果好等优点,常用于有保温、隔热要求的室内抹灰。膨胀珍珠岩灰浆有两种配合比,一是石灰膏:膨胀珍珠岩:纸筋:聚醋酸乙烯乳液 = 100:10:10:0.3(松散体积比);二是水泥:石灰膏:膨胀珍珠岩 = 100:10～20:3～5(重量比)。抹灰层的厚度越薄越好,通常为 2mm 左右。与纸筋灰罩面比,膨胀珍珠岩灰浆罩面表观密度小,粘附力好,

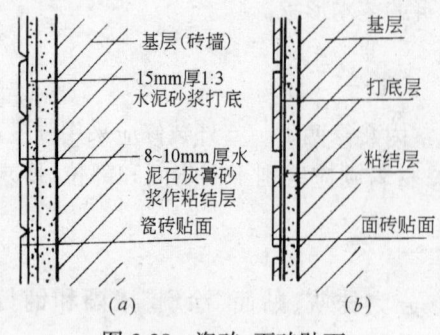

图 3-28 瓷砖、面砖贴面
(a)瓷砖贴面;(b)面砖贴面

不易龟裂,操作简便,造价可降低 50%以上,提高工效一倍左右。

(二) 贴面类

1. 陶瓷面砖、锦砖贴面

面砖分挂釉及不挂釉面两种,这两种又都有平滑的与有一定纹理的两类。厚度为 6~12mm,其构造做法如图 3-28 所示。

2. 天然石材贴面

用于房屋饰面的天然石材,主要是花岗石和大理石。大理石用于室内,花岗石主要用于室外。天然石材贴面是高级饰面。石材贴面的构造是在墙内预埋铁件,固定住墙面的钢筋网,将加工成薄板的石材绑扎在钢筋网上,并在墙面与石材之间灌 1:2.5 的水泥砂浆。墙面与石材之间的距离一般为 30~50mm。图 3-29 是块石贴面的构造。

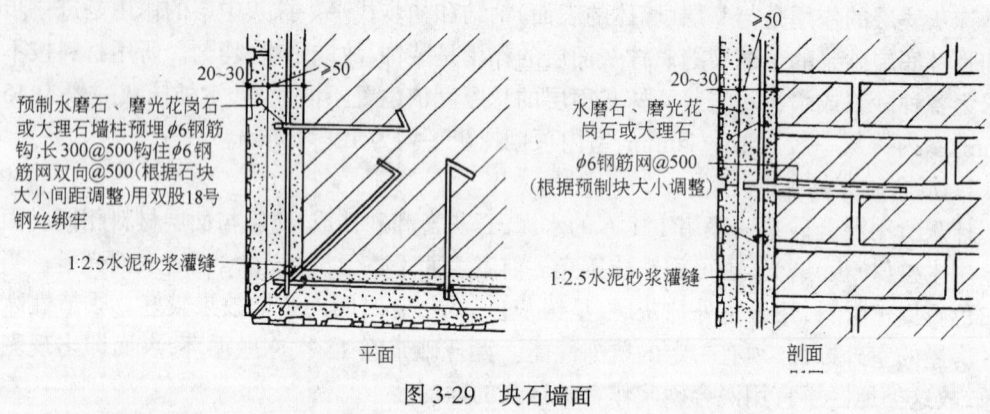

图 3-29 块石墙面

(三) 涂刷类

1. 石灰浆

石灰浆是将生石灰(CaO)加水经过充分消解后形成的熟石灰浆,涂刷到墙面之后具有一定的强度。因此石灰浆涂料可以不必另掺粘结料。一般石灰浆内掺入所需的颜料,混合均匀后即可使用。石灰浆涂料主要用于室内墙面。为了提高附着能力,防止表面掉粉,可以加入少量食盐和明矾。

2. 水泥浆

用素水泥浆作为涂料使用时,由于涂层薄,水分蒸发快,水泥不能充分水化,往往很快粉化、脱落。目前常将有机高分子材料掺入水泥中,做成聚合物水泥浆。有机高分子材料采用108 胶或醋酸乙烯－顺丁烯二酸二丁酯共聚乳液(以下简称乙-顺乳液)。在配制涂料时,108 胶的掺量一般为水泥量的 20%,乙-顺乳液掺量应为 20%~30%。

3. 溶剂型外墙涂料

溶剂型涂料是以高分子合成树脂为主要的成膜物质,有机溶剂为稀释剂,加入一定量的颜料和填料、辅料配制成的一种挥发性涂料。这种涂料用于室外墙面装修有较好的硬度、光泽、耐水性、耐化学药品性及一定的耐老化性。一般能在 5～8 年内保持良好的装饰效果。

4. 乳液涂料

乳液涂料是各种有机物单体经乳液聚合反应后生成的聚合物,以非常细小的颗粒分散在水中,形成非均匀相的乳化液。乳液涂料以水为分解介质,无毒,不污染环境,使用操作十分方便,性能和耐久效果都比油漆好,因此它是建筑涂料的一个重要方面。当所用的填充料为细粉末时,主要用于房屋室内墙面装饰。掺有云母粉、粗砂粒等粗填料的涂料,能形成一定粗糙质感的涂层,称为乳胶厚涂料,用于房屋室外墙面的饰面。

5. 清水墙面

砖墙或石墙不作饰面,利用砌墙材料的质感和颜色取得装饰效果称清水墙面。由于砖、石材料的耐久性好,不易变色,并有其独特的线条质感,有一定的装饰效果,所以,尽管在新墙体材料及工业化施工方法已经居于主导地位的国外,清水墙面仍在墙面装饰中占有一定的地位。清水墙面要用 1:2～2.5 的水泥砂浆勾缝,根据需要可在勾缝砂浆中掺入颜料。有的地区,在勾缝前先用色浆涂刷墙面,颜色多依砖的本色,如红色、棕色、橘红色和青砖本色等。色浆由石灰浆加入颜料、胶结料构成。为了防止墙面泛白,在刷浆前要用猪血水满涂墙面一道。也有的地区色浆只由颜料、胶结料加水调成。

(四)裱糊类

裱糊类是各种壁纸及锦缎等。各种壁纸均应粘贴在具有一定强度、表面平整光洁且不疏松掉粉的干净基层上。为避免基层吸水过快,裱糊前应在基层上先刷一遍 1:0.5～1 的 108 胶水作封闭处理,待胶水干后再开始裱糊。裱糊的粘结剂采用聚醋酸乙烯乳液或 108 胶。

(五)铺钉类

铺钉类是采用各种薄板借助于镶钉方式对墙面进行装饰处理。它由骨架和面板组成。

1. 木质板墙面

采用各种硬木板、胶合板、纤维板做饰面。具有安装方便、美观等特点,但防火、防潮性较差。装修构造如图 3-30 所示。

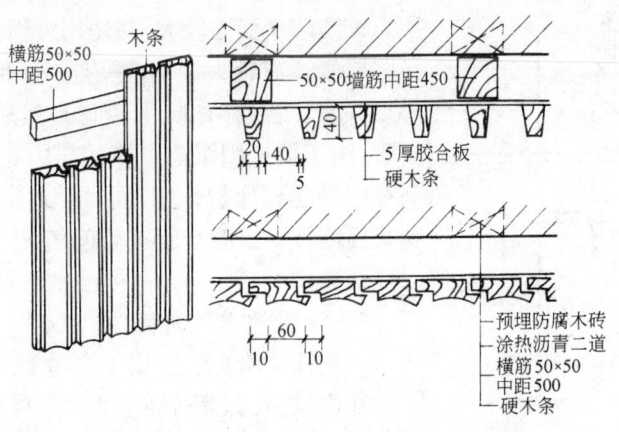

图 3-30 木质面板墙面装修构造

2. 金属薄板墙面

采用薄钢板、不锈钢、铝板或铝合金板等做饰面。铝合金墙面构造如图 3-31 所示。

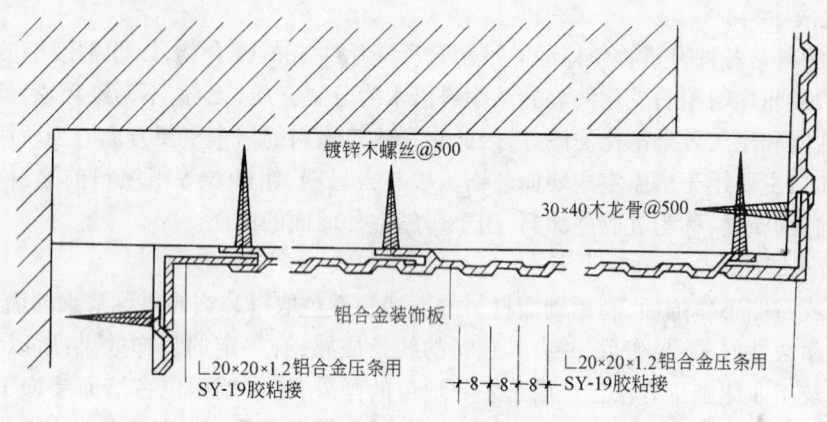

镀锌木螺丝@500

30×40木龙骨@500

铝合金装饰板

L20×20×1.2铝合金压条用
SY-19胶粘接

L20×20×1.2铝合金压条用
SY-19胶粘接

图 3-31　金属板墙面装修构造

第六节　管道穿墙的构造处理

在供热通风、给水排水及电气工程中,都有多种管道穿过建筑物(或构造物)的墙(或池)壁。管道穿墙时,必须做好保护和防水措施,否则将使管道产生变形或与墙壁结合处产生渗水现象,影响管道的正常使用。

当墙壁受力较小,以及穿墙管在使用中振动轻微时,管道可直接埋设于墙壁中,管道和墙体固结在一起,称为固定式穿墙管。为加强管道与墙体的连接,管道外壁应加焊钢板翼环,翼环的厚度和宽度可参考表 3-2 选用,如遇非混凝土墙壁时,应改用混凝土墙壁(图3-32)。

翼环尺寸表（mm）　　　　　　　　　表 3-2

管径 DN	25	32	40	50	70	80	100	125	150	200	250	300
翼环厚度	5	5	5	5	5	5	5	5	5	8	8	8
翼环宽度	30	30	30	30	30	30	50	50	50	50	50	75

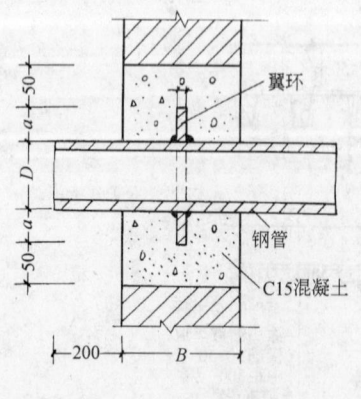

翼环

钢管

C15混凝土

图 3-32　固定式穿墙管

当墙壁受力较大,在使用过程中可能产生较大的沉陷或管道有较大振动,并有防水要求时,管道外宜先埋设穿墙套管(亦称防水套管),然后在套管内安装穿墙管,由于墙壁因沉陷产生的压力作用在套管上,所以对穿墙管起到保护作用,同时管道也便于更换,称为活动式穿墙管。穿墙套管按管间填充情况可分为刚性和柔性两种。

一、刚性穿墙套管(图 3-33)

刚性穿墙套管适用于穿过有一般防水要求的建筑物和构筑物,套管外径也要加焊翼环。套管与穿墙管之间先填入沥青麻丝,再用石棉水泥封堵。

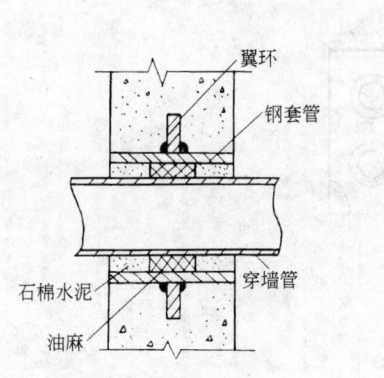

图 3-33 刚性防水套管

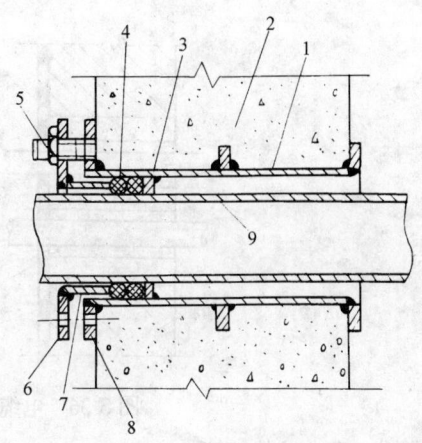

图 3-34 柔性防水套管

1—套管;2—翼环;3—挡圈;4—橡皮条;5—双头螺栓;
6—法兰盘;7—短管;8—翼盘;9—穿墙管

二、柔性防水套管(图 3-34)

柔性防水套管适用于管道穿过墙壁之处有较大振动并有严密防水要求的建筑物和构筑物。

其一般构造为套管内焊有挡圈 3、套管外焊有翼环 2 和翼盘 8,浇固于墙内。套管的一侧通过法兰盘 6 和双头螺栓 5,将另一短管压紧套管与穿墙管之间的橡皮条 4,使之密封。

无论是刚性或柔性套管,都必须将套管一次浇固于墙内,套管穿墙处之墙壁如遇非混凝土时,应改用混凝土墙壁,混凝土浇筑范围应比翼环直径大 200~300mm。

套管处混凝土墙厚对于刚性套管不小于 200mm,对于柔性套管不小于 300mm,否则使墙壁一侧或两侧加厚,加厚部分的直径应比翼环直径大 200mm。

三、进水管穿地下室

当进水管穿过地下室墙壁时,对于采用防水和防潮措施的地下室,应分别按图 3-35 中的(a)和(b)图进行施工。

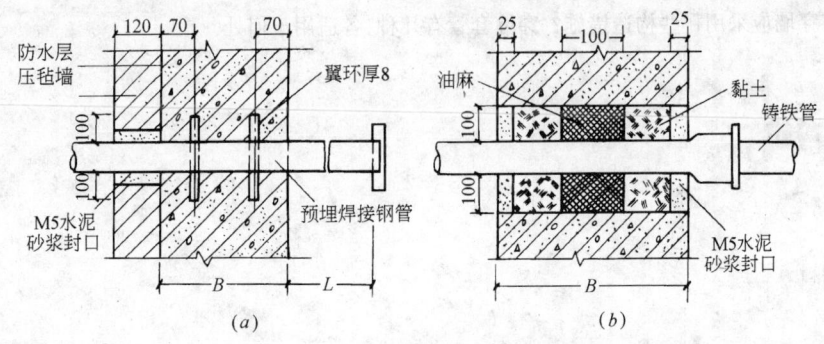

图 3-35 进水管穿地下室墙壁构造

(a)潮湿土壤(防水地下室);(b)干燥土壤(防潮地下室)

四、电缆穿墙

电缆穿墙时,除可用钢管保护外,还可用图 3-36 所示刚柔结合做法。

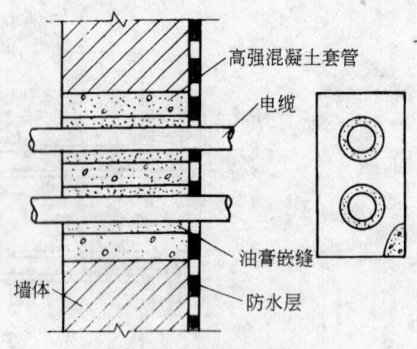

图 3-36　电缆穿墙处理

复 习 思 考 题

1. 墙体的四种承重方案各适用于哪些建筑？

2. 墙体的设计要求有哪些？

3. 何为一顺一丁砌筑方式？为什么这种砌法的墙整体性好？

4. 说明空斗墙、空心砖墙、空心墙的构造特点，并比较其不同点和共同点。

5. 墙体的复合方式有哪几种？

6. 墙体的保温措施有哪些？

7. 墙身防潮层的位置如何确定？

8. 钢筋砖过梁的特点、适用范围是什么？

9. 圈梁的位置和数量如何确定？附加圈梁的长度如何确定？

10. 窗台的作用和构造特点是什么？

11. 砖墙中的烟道和通风道的尺寸各是多少？

12. 抹灰类墙面的构造层次及作用是什么？

13. 轻钢龙骨石膏板隔墙的构造要点是什么？

14. 木质板墙面的构造要点？

15. 金属薄板墙面的构造要点？

16. 管道穿墙应采用哪些构造措施？穿墙套管有几种，各适用于何处？

第四章 楼板与地面

第一节 楼板的类型与要求

一、楼板的分类

楼板按所用材料的不同,主要有钢筋混凝土楼板和砖拱楼板两大类。

（一）钢筋混凝土楼板

钢筋混凝土楼板强度高,刚度好,耐久,防火性能好,所以被广泛采用。按施工方式它又分为现浇钢筋混凝土楼板、预制装配式钢筋混凝土楼板和装配整体式钢筋混凝土楼板。

现浇钢筋混凝土楼板为实心梁板,包括肋形楼板和无梁楼板,见图4-1(a)、(b)。预制装配式钢筋混凝土楼板,除少数为实心板外,绝大部分为空心板或槽形板,见图4-1(c)。装配整体式钢筋混凝土楼板,则是预制的梁和板都留出钢筋,在装配后用混凝土浇筑成整体。

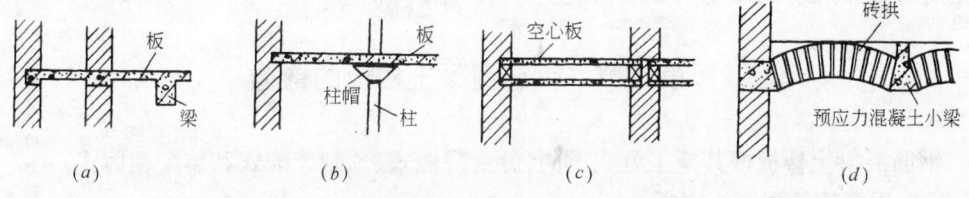

图 4-1 楼板的类型

(a)现浇钢筋混凝土肋形楼板;(b)现浇钢筋混凝土无梁楼板;

(c)预制空心楼板;(d)预应力小梁砖拱楼板

（二）砖拱楼板

砖拱楼板是用普通黏土砖或拱壳砖砌成的,它比钢筋混凝土楼板节约钢筋和水泥,但是自重大。砖拱楼板下面房间的顶棚呈弧形,上面的房间为使地面平整又要用填充材料把拱脚垫平,这将增加楼板的荷载和占用较多的空间,增加房屋的高度。砖拱楼板的抗震性能也较差,在非地震区缺少钢材、水泥的情况下可以采用。砖拱楼板构造见图4-1(d)。

二、对楼板的要求

（一）楼板必须有足够的强度和刚度

楼板的强度是指它能够有足够承受自重和使用荷载而不破坏,以确保安全。楼板的刚度是指在荷载的作用下,不产生超过规定的变形(挠度)。

（二）楼板应满足防火、隔声、保温、隔热等要求

由于楼板所处位置不同,有的要求隔声,有的要求保温或隔热,但所有的楼板均有防火要求。

隔声指阻隔噪声。噪声传播有两个途径,一个是空气传声,另一个是固体传声。空气传声有两种情况:一种是直接传声,是指噪声在空气中传播,包括透过缝隙由一个房间传播到另一个房间;另一种是振动传声,指由于声源振动经空气传播引起结构的振动,使结构另一侧空气振动而使噪声得到传播。固体传声是当物体直接撞击或敲打结构(如物体落地、挪动桌椅、人走动等)所引起的撞击声,通过结构本身传至结构的另一侧。结构隔绝固体传声的能力,则需从衰减撞击能量入手,如在楼层地面上加弹性材料、浮筑楼板和加设吊顶棚等。楼板的表观密度一般较大,面密度也必然大,对空气声有一定的阻隔能力。所以楼板隔声主要是隔绝固体声。建筑物各类主要用房的楼板的空气声计权隔声量不应小于 40dB;楼板的计权数标准化撞击声压级不应大于 75dB。

为了防火和安全,楼板一般应采用非燃烧材料。目前广泛采用的钢筋混凝土楼板,大多能满足防火要求。防火规范规定四级耐火等级的建筑的楼板可以采用难燃烧体,其耐火极限不低于 0.25h(小时);一级、二级和三级耐火等级的建筑的楼板均采用非燃烧体。楼板不准采用燃烧体。

一般楼板的上下层房间没有温度差或温度差很小时,不考虑保温或隔热问题。在冬季采暖的房屋中,当上、下层房间设计温度不同时(如首层为采暖房间,地下室不采暖),应在楼板上加设保温层。

(三)楼板应满足经济、合理等要求

选择楼板材料时,应注意就地取材,尽量减少楼板的厚度和自重。还要注意使楼板与房屋的等级标准和房间的使用要求相适应,并要尽量降低造价。

第二节 钢筋混凝土楼板的构造

钢筋混凝土楼板按其施工方式不同,分为现浇式、预制装配式和装配整体式。

一、现浇钢筋混凝土楼板

现浇钢筋混凝土楼板是指现场架设模板整体浇筑成型的楼板,这种楼板整体性好,有利于抗震,但施工受季节限制。这种楼板适应于地震区及平面形状不规则防水要求较高的房间等。常用的现浇钢筋混凝土楼板根据结构类型分为板式楼板、肋梁楼板、井式楼板和无梁楼板。

(一)板式楼板

板式楼板是将楼板现浇成平板,并直接支承在墙上。板式楼板底面平整,便于支模,适用于平面尺寸较小的房间。板式楼板的跨度不大,板式楼板的厚度与板的支承情况、受力情况有关。一般四面简支的单向板,其厚度不小于短边的 1/45;四面简支的双向板,其厚度不小于短边的 1/45。连续的单向板,其厚度不小于短边的 1/40;连续的双向板,其厚度不小于短边的 1/50。

(二)肋梁楼板

肋梁楼板由板、次梁和主梁组成,其荷载传递路线为板→次梁→主梁→柱(或墙),如图4-2 所示。

肋梁楼板的梁板布置主要由房间大小、平面形式及窗洞位置等因素决定。一般情况下,主梁的经济跨度为 5～8m,梁高为跨度的 1/8～1/12,梁宽为梁高的 1/3～1/2;次梁的跨度

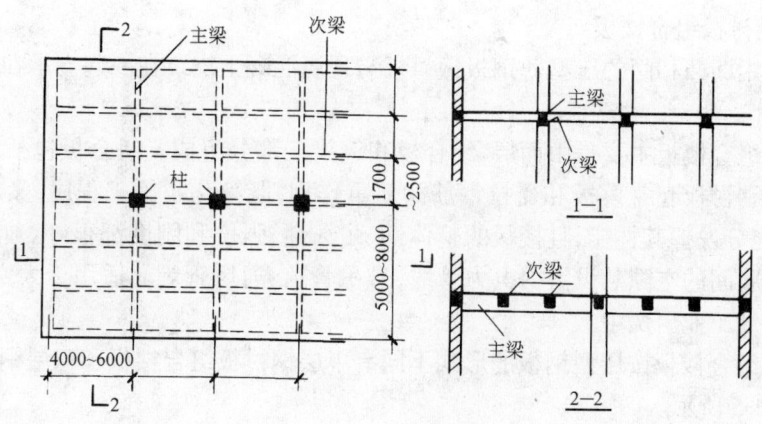

图 4-2　肋梁楼板

为主梁间距,次梁高为跨度的 1/12～1/18,宽度为高度的 1/2～1/3;板的跨度为次梁间距,一般为 1.7～3m,厚度的确定同板式楼板。

（三）井式楼板

当房间的尺寸较大且平面形状近似方形,常沿两个方向交叉布置梁,使梁的截面等高,这种楼板称为井式楼板,如图 4-3 所示。

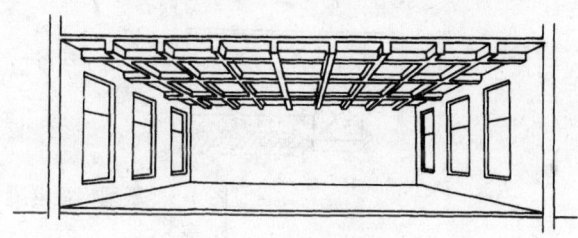

图 4-3　井式楼板

井式楼板中板的跨度在 3.5～6m 之间,梁的跨度可达 20～30m,梁截面高度不小于梁跨的 1/15,宽度为梁高的 1/2～1/4,且不小于 120mm。

井式楼板结构布置规整、艺术效果好,中间不需设柱,常用于门厅、大厅、会议室、餐厅、歌舞厅等方形建筑平面。

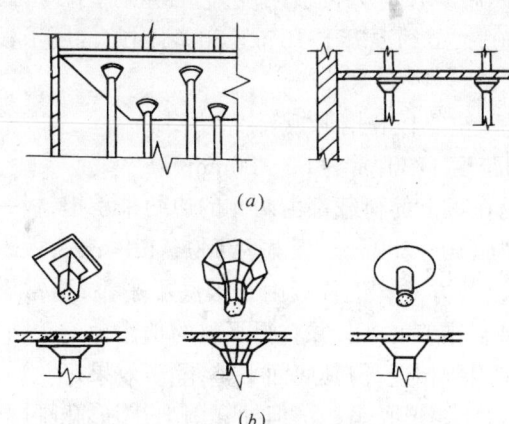

图 4-4　无梁楼板和柱帽形式
(a)无梁楼板;(b)柱帽形式

（四）无梁楼板

无梁楼板为等厚的平板直接支承在柱上,分为有柱帽和无柱帽两种。

无梁楼板的柱可设计成方形、圆形、矩形和多边形等。柱帽形式可根据室内空间要求及柱截面形式而定,如图 4-4 所示。板的最小厚度为 150mm 且不小于跨的 1/35～1/32。无梁楼板的柱网一般布置成正方形或矩形,间距一般不超过 6m,且无梁楼板周边应设置圈梁,其高度不小于板厚的 2.5 倍和板跨的 1/15。

无梁楼板具有净空高度大,顶棚平整、施工简便等优点。适用于商店、仓库及书库等荷载较大的建筑中。

（五）钢衬板组合楼板

它是利用凹凸相间的压型薄钢板做衬板与现浇混凝土浇筑在一起支承在钢架上构成整体型楼板。

钢衬板组合楼板主要是由面层、组合板和钢梁三部分组成。组合板包括混凝土和钢衬板两部分。钢衬板起着模板和受拉钢筋的双重作用，既简化了施工程序，又加快了施工速度，材料能充分发挥其性能，且楼板的整体性、耐久性、强度和刚度都很好。此外，还可以利用压型钢板肋间的空隙敷设室内电力管线，悬吊管道、通风管等。适用于大空间、高层民用建筑和大跨度工业厂房中。

钢衬板组合楼板按压型钢板的形式不同有单层钢衬板组合楼板和双层钢衬板组合楼板两种，如图4-5所示。

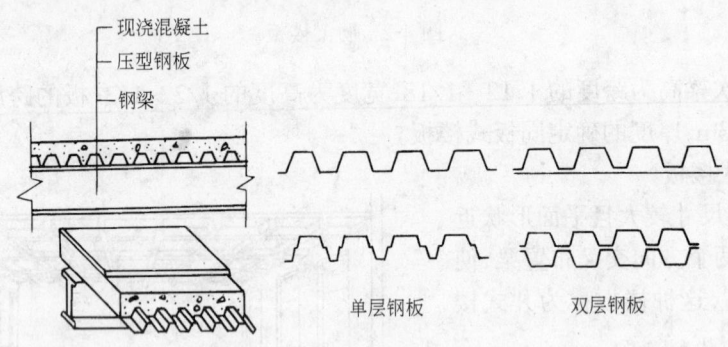

图4-5 压型钢板混凝土组合楼板

二、预制装配式钢筋混凝土楼板

预制装配式钢筋混凝土楼板系指在构件预制厂或施工现场预先制作，然后在施工现场装配而成的楼板。这种楼板可节省模板，改善劳动条件，提高生产率，加快施工速度，有利于推广建筑工业化，但楼板的整体性差。

（一）预制钢筋混凝土楼板类型

1．按施工方式分：有预应力和非预应力两种。预应力楼板刚度好，自重轻，节约材料，造价低，和非预应力相比可节约钢材30%～50%，节约混凝土10%～30%，因此常用于板跨较大的房间中。

2．按构造方式及受力特点分：有实心平板、空心板和槽形板等。

实心平板跨度一般在2.5m以内，板厚为跨度1/30，常为60～80mm。

槽形板是一种梁板结合的预制构件，作用在板上的荷载都由两侧的边肋来承担，板一般做得很薄，只有25～30mm，槽板的肋高通常为150～300mm，板宽为500～1200mm，板跨为3～6m。槽形板做楼板时有正置和倒置两种设置方式。正置板由于板底不平整，通常做吊顶遮盖。倒置板可在槽内填充较厚材料，起保温、隔声作用，并获得平整的顶棚。

空心板的结构计算理论类似槽形板，材料用量相近，但其底面平整，隔声效果好。

空心板的孔洞形式有矩形、圆形、椭圆形等。矩形孔虽经济但抽孔困难，圆形孔刚度好，制作方便，应用广泛。

（二）预制楼板的结构布置与细部构造

1．结构布置

根据房间的使用要求和平面尺寸选择结构布置方案。如墙承重系统或框架结构系统,在选择板型时,一般要求板的规格、类型愈少愈好,如图4-6所示。在进行板的布置时,空心板应避免出现三边支承,因空心板是按单向受力状态考虑的,三边支承的板为双向受力状态,在荷载作用下易沿板边竖向开裂,如图4-7所示。此外,空心板安装前应在板端内填塞C15混凝土或碎砖,以避免板端压坏。

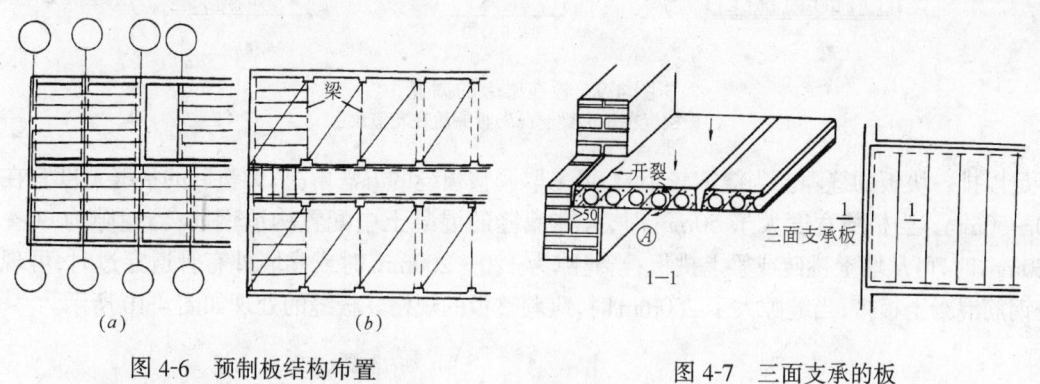

图4-6 预制板结构布置

(a)板式结构布置;(b)梁板式结构布置

图4-7 三面支承的板

2．板的搁置

预制板可直接搁置在墙上或梁上;为满足结构要求,通常应有足够的搁置长度。一般搁置在梁上应不小于80mm;搁置在内墙上不小于100mm;搁置在外墙上应不小于120mm。铺板前应先在墙上或梁上抹10～20mm厚的水泥砂浆找平(即坐浆),使板与墙或梁有较好的连接,同时也使墙体受力均匀,如图4-8所示。

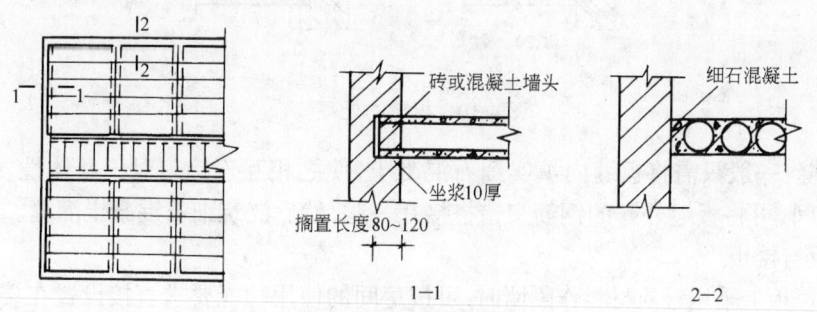

图4-8 板在墙上的搁置

当选用梁板式结构时,板在梁上的搁置有两种方式:一种是搁置在梁顶,如矩形梁;另一种是搁置在梁出挑翼缘上,如花篮梁、十字梁等,如图4-9所示。后一种搁置方式,板的顶面与梁的顶面平齐,在梁高不变的情况下,房间的净高相应地增加一个板厚,同时板的跨长应减去梁顶宽度。

3．板缝构造

板缝分侧缝和端缝。

(1)侧缝:板的侧缝一般有V形缝、U形缝和凹槽缝三种形式。V形缝和U形缝便于灌缝,多在板较薄时采用;凹槽缝连接牢固,楼板整体性好,施工复杂。在布置楼板时,往往出现

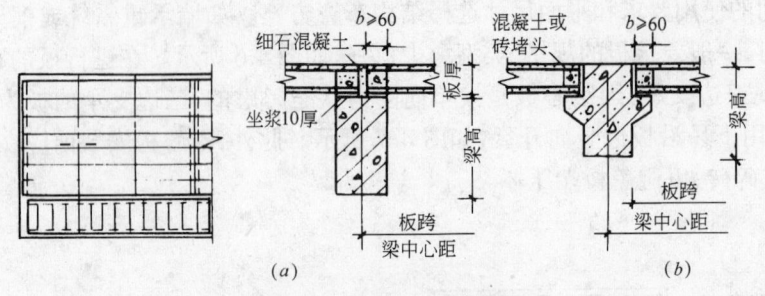

图 4-9　板在梁上的搁置

(a)板搁置在矩形梁上；(b)板搁置在花篮梁上

不足以排一块板的缝隙。当缝隙较小时，可采取调整板缝的方法解决；调整后的板缝宽度宜在 40～50mm。当板缝宽度大于 50mm 时，应在灌缝的混凝土中配置构造钢筋；当缝隙为 60～120mm 时，可从墙上挑砖或梁上挑板；当缝隙为 120～200mm 时或靠墙外有管道穿过时，可现浇钢筋混凝土板带；当缝隙大于 200mm 时，应调整板的规格。板缝的处理如图 4-10 所示。

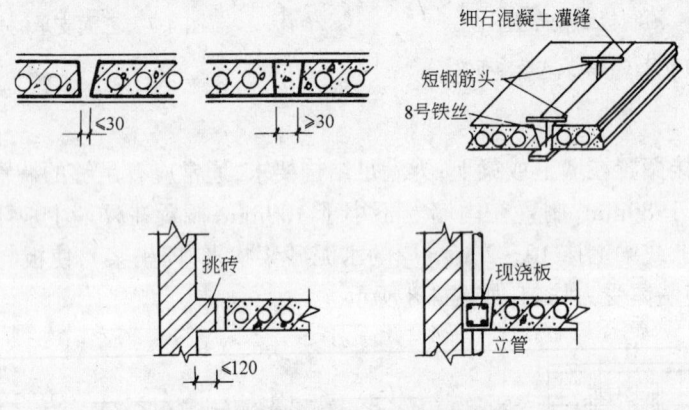

图 4-10　板缝的处理

(2) 端缝：一般只需将板缝内填实细石混凝土，使之相互连接。对于整体性、抗震性要求较高的房间，可将板缝外露的钢筋交错搭接在一起，然后浇筑细石混凝土灌缝。

4. 隔板与楼板

在预制楼板上采用轻质材料作隔墙时，可按房间的使用功能要求直接设置在楼板上。若采用自重较大的材料，如黏土砖等，则不宜将其直接搁置在楼板上，通常是设置一道钢筋混凝土小梁支承隔墙；或将空心板缝内配筋；或将隔墙搁置于槽形板的纵肋上，如图 4-11 所示。

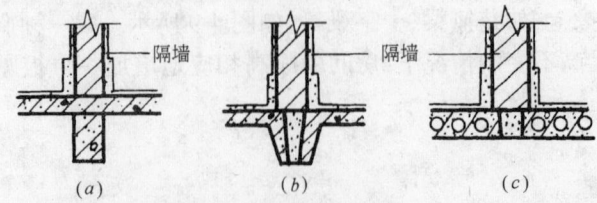

图 4-11　隔墙与楼板的关系

(a)隔墙支承在梁上；(b)隔墙支承在纵肋上；(c)板缝配筋

第三节　楼地面的种类、组成、材料与构造

一、地面的组成

底层地面的基本结构层次为面层、垫层和基层;楼层地面的基本构造层次为面层和基层(楼板)。地基和楼板的作用是承受面层传来的荷载,故地基也称基层。有些有特殊要求的地面,只有基本层次不能满足使用要求时,要增设相应的构造层,如结合层、找平层、防水层、防潮层、保温(隔热)层、隔声层等等。

(一)面层

面层是人们生活、工作、学习时直接接触的地面层次,是地面直接经受磨擦、洗刷和承受各种物理、化学作用的表面层。依照不同的使用要求,面层应具有耐磨不起尘、平整、防水、有弹性、吸热少等性能。

地面面层按材料和施工方法的不同,分为整体面层和块料面层两类。

整体面层如水泥砂浆面层、水磨石面层等;块料面层如陶瓷锦砖面层、缸砖面层等。

(二)结合层

结合层是块料面层与下层的结合体,用以固定块料面层或垫砌面层,使面层的荷载能均匀地传给垫层。结合层分胶凝材料和松散材料两大类。胶凝材料结合层如水泥、砂浆、沥青等;松散材料结合层如砂、炉渣等。

(三)找平层

找平层是在垫层或楼板上起找平作用的构造层,用于上层对下层有平整要求的地面。例如要在垫层上铺一层卷材,由于垫层不平整将使直接铺在上面的卷材破坏,此时在垫层之上就要作找平层。有时也用找平层按设计要求找出一定坡度,满足地面的排水要求。找平层常用 1:3 水泥砂浆抹成。

(四)防水层

防水层一般是防止地面上的液体透过地面构造层,也有的是防止地下水通过地面渗入室内的构造层。通常由热沥青粘贴一层或几层卷材构成,也可用防水涂料或防水砂浆构成。

(五)防潮层

防潮层是防止地基中所含水分因毛细作用透过地面的构造层。地面防潮层应与墙身防潮层相连。

(六)保温、隔热层

保温层或隔热层是用以改变地面热工性能的构造层,用于上下层房间有温差的楼层地面或保温地面。

(七)隔声层

隔声层是隔绝楼层地面撞击声的构造层,用于有较高隔声要求的地面。

(八)垫层

垫层是承受面层传来的地面荷载并传给基层的构造层,分刚性和柔性两类。

刚性垫层有足够的整体刚度,受力后不产生塑性变形,如混凝土、碎砖三合土等,多用于整体面层地面和小块的块料面层地面。

(九)基层

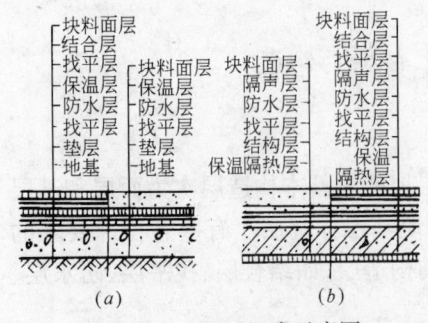

图 4-12 地面组成示意图
(a)底层地面的组成;(b)楼层地面的组成

基层主要是指地基和楼板,它是用来承受荷载的。所以基层必须满足承载力容许值、变形容许值,必须有足够的稳定性。

柔性垫层由松散的材料组成,无整体刚度,受力后不产生塑性变形,如砂、碎石、炉渣等。柔性垫层用于块料面层地面。图 4-12 是地面组成的示意图。

二、地面做法

地面通常为底层地面和楼板面层的总称。地面的名称按面层材料和施工方法不同一般有以下几种做法:

(一)整体类地面

按材料不同有水泥砂浆地面、混凝土地面、水磨石地面等。

1．水泥砂浆地面

它具有构造简单、施工方便、造价低等特点,但易起尘、易结露。适用于标准较低的建筑物中。常见做法有普通水泥地面、干硬性水泥地面、防滑水泥地面、磨光水泥地面、水泥石屑地面和彩色水泥地面等。

对于水泥砂浆地面,必须控制它的灰砂比。如砂浆中水泥量加大,虽然能提高强度,增加耐磨度,但容易产生干缩裂缝;如砂浆中水泥量过少,则砂浆的强度底,表面粗糙,易起砂。一般易控制在 1:2~1:2.5,厚度为 15~20mm。在面层中,表面是承受摩擦的部位,为了提高耐磨性能而又避免干缩裂缝,可以采用减少面层厚度和增加水泥用量的方法,但应在垫层之上加作找平层。对于底层的水泥砂浆地面应设垫层。垫层的材料及厚度,以地面荷载大小和地基含水情况确定。地面使用荷载较小、地基干燥时,可采用碎砖三合土或四合土垫层,地面使用荷载较大或地基潮湿时,可采用混凝土垫层。水泥砂浆地面如图 4-13 所示。

2．细石混凝土地面

这种地面刚性好,强度高且不宜起尘。其做法为在基层上浇筑 30~40mm 厚 C20 细石混凝土随打随压光。为提高整体性、满足抗震要求可内配直径为 4@200 的钢筋网。也可用沥青代替水泥做胶结剂,做成沥青砂浆或沥青混凝土地面,增强地面的防潮、耐水性。细石混凝土地面如图 4-14 所示。

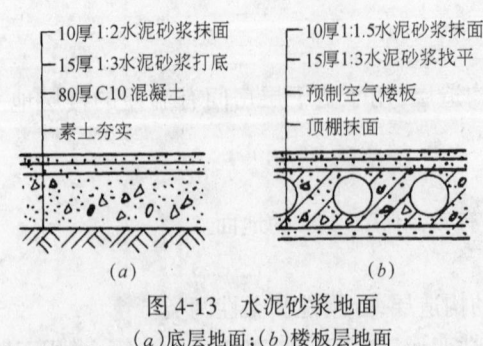

图 4-13 水泥砂浆地面
(a)底层地面;(b)楼板层地面

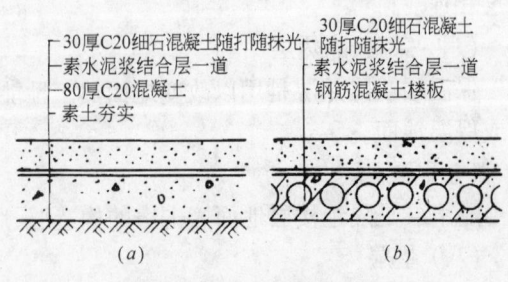

图 4-14 细石混凝土楼地面
(a)细石混凝土地面;(b)细石混凝土楼面

3．水磨石地面

水磨石地面是将水泥作胶结材料,大理石或白云石等中等硬度的石屑做骨料而形成的水泥石屑面层,经磨光打蜡而成。该地面坚硬、耐磨、光洁、不透水、装饰效果好,常用于较高要求的地面。

水磨石地面一般分为两层施工。先在刚性垫层或结构层上用10~20mm厚的1:3水泥砂浆找平,然后在找平层上按设计图案嵌10mm高分格条(玻璃条、铜条、铝条等),并用1:1水泥砂浆固定,最后,将拌和好的水泥石屑浆铺入压实,经浇水养护后磨光、打蜡,如图4-15所示。

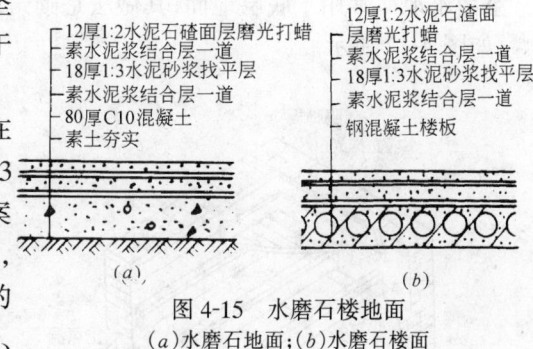

图 4-15 水磨石楼地面
(a)水磨石地面;(b)水磨石楼面

(二)块材地面

块材地面按材料不同有黏土砖、水泥砖、石板、陶瓷锦砖、塑料板和木地板等。

1.黏土砖、水泥砖、预制混凝土砖地面

其铺设方法有两种:干铺和湿铺。

干铺是指在基层上铺一层20~40mm厚的砂子,将砖块直接铺在砂子上,校正平整后用砂或砂浆填缝。

湿铺是在基层上抹1:3水泥砂浆,12~20mm厚,再将砖块铺平压实,最后用1:1水泥砂浆灌缝。

2.缸砖、地面砖及陶瓷锦砖地面

其构造做法类似贴面类墙面装修,如图4-16所示。

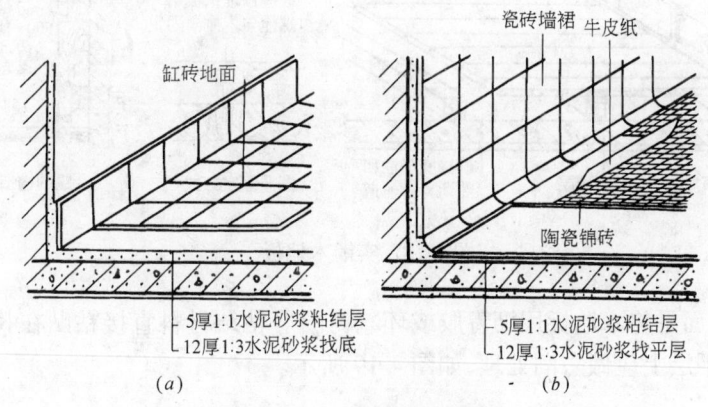

(a) (b)

图 4-16 预制块材地面
(a)缸砖地面;(b)陶瓷锦砖地面

3.天然石板地面

常用的天然石板有大理石板和花岗石板,质地坚硬、色泽艳丽,多用于高标准的建筑中。其构造做法:先在基层上刷素水泥浆一道,抹1:3干硬性水泥砂浆找平30mm厚,再撒2mm厚素水泥(洒适量清水),后粘贴20mm厚大理石板(花岗石),另外,再用素水泥浆擦缝。

4.木地面

木地面按其所用木板规格不同有普通木地面、硬木条地面和拼花木地面三种。按其构造形式不同有空铺、实铺和粘贴三种。

空铺木地面常用于底层地面,其做法是砌筑地垄墙,将木地板架空,以防止木地板受潮腐烂,如图4-17所示。

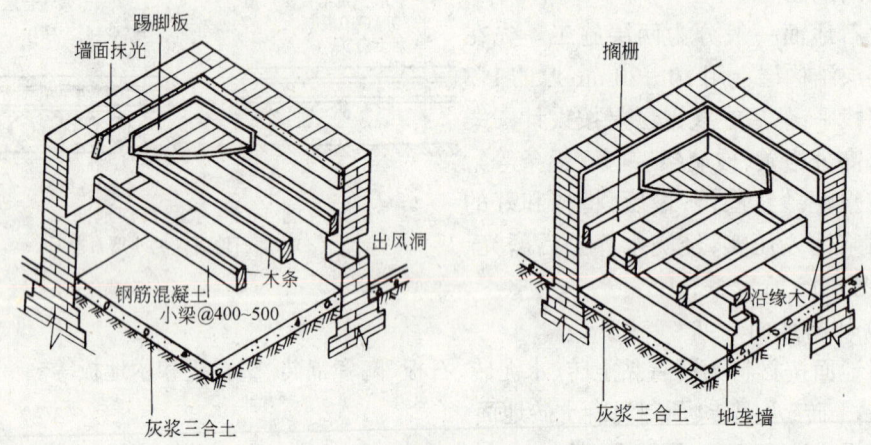

图 4-17 空铺木地面搁栅搁置方式

实铺木地面是在刚性垫层或结构上直接钉铺小搁栅,再在小搁栅上固定木板。其搁栅间的空档可用来安装各种管线,如图4-18所示。

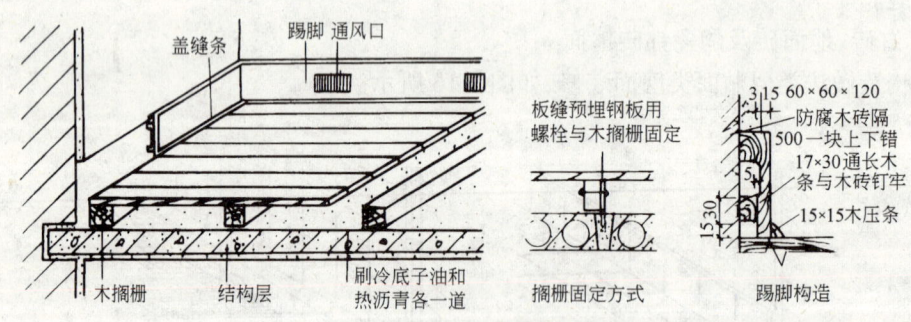

图 4-18 实铺木地板

粘贴式木地面是将木地板用沥青胶或环氧树脂等粘结材料直接粘贴在找平层上,若为底层地面时,找平层上应做防潮处理,如图4-19所示。

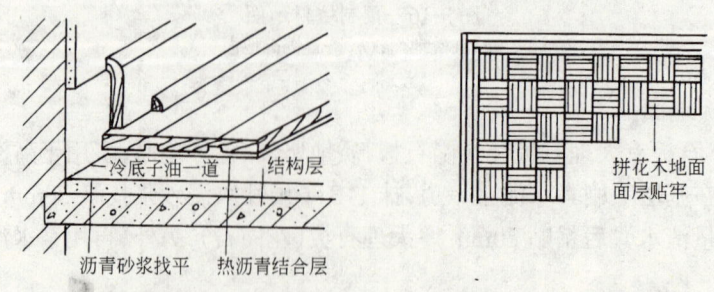

图 4-19 粘贴木地板

第四节 阳台和雨棚

一、阳台

阳台是楼房中人们接触室外的平台,可以在上面休息、眺望或从事家庭服务操作。按阳台与外墙的相对位置,阳台分凸阳台、半凸阳台和凹阳台三类。凸阳台是指全部阳台挑出墙外,凹阳台是指整个阳台凹入墙面之内,半凸阳台则是部分挑出墙外,部分凹入墙内。阳台的类型见图4-20。

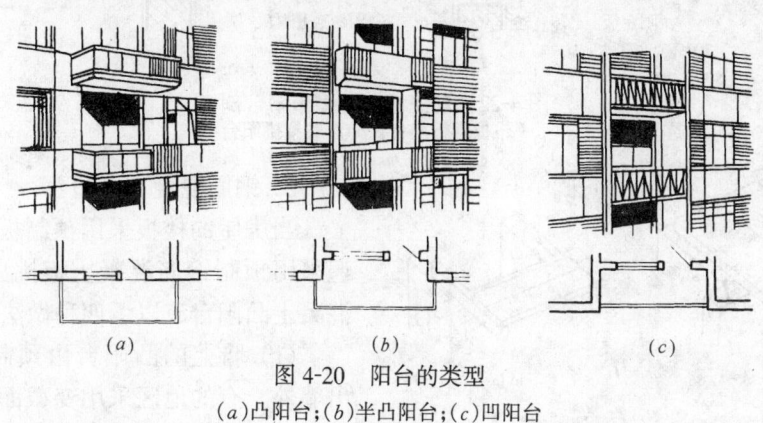

图4-20　阳台的类型
(a)凸阳台;(b)半凸阳台;(c)凹阳台

(一)阳台的承重构件

不论凸阳台、半凸阳台,还是凹阳台,目前一般都采用钢筋混凝土结构承重。可以用现浇钢筋混凝土结构,也可以采用预制装配式结构。在一般房屋中采用预制装配式结构较多,只有形状特殊的阳台才采用现浇钢筋混凝土结构。凸阳台是一个悬挑构件,分为板悬臂与梁悬臂两种形式。凹阳台通常采用简支板的形式。

1. 现浇钢筋混凝土凸阳台的承重构件类型

(1)承重墙上的凸阳台,可由现浇楼板延伸挑出墙外,形成阳台板。此时由于阳台板与楼板是一个整体,楼板的重量和墙的重量构成阳台板的后部压重,保证阳台板的稳定,这种类型见图4-21(a)。

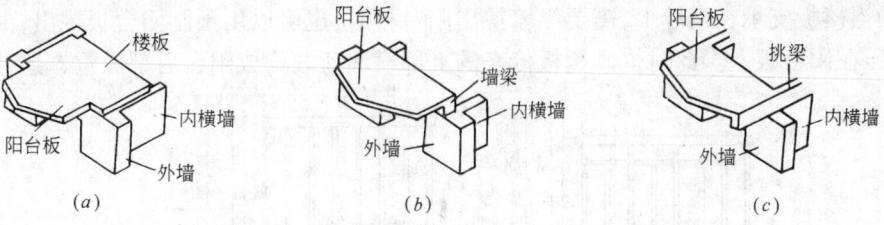

图4-21　现浇钢筋混凝土凸阳台的承重构件
(a)由楼板延伸挑出;(b)由承重外墙内的梁挑出;(c)由承重内墙挑梁

(2)承重墙上的凸阳台无法与楼板连成整体时,可沿墙设梁,由梁挑出阳台板,见图4-21(b)。此时梁和梁上的墙构成阳台板后部压重。当梁上部的墙开洞较大时,可将梁向两侧延伸至不开洞部分,必要时还可以伸入横墙。

(3)非承重墙上的凸阳台,由承重内墙挑梁,阳台板支承在挑出的梁上,见图4-21(c)。

（4）现浇钢筋混凝土阳台各构件之间的关系如图 4-22 所示。

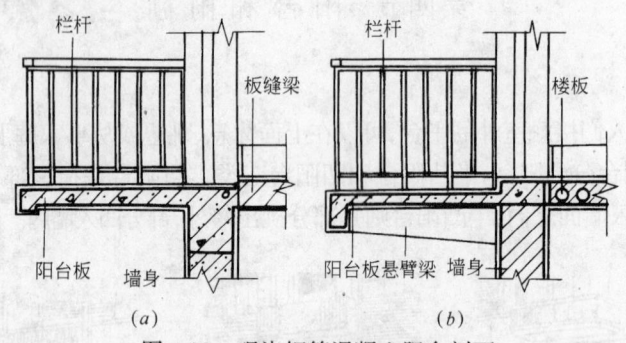

图 4-22 现浇钢筋混凝土阳台剖面
(a)板悬臂阳台；(b)悬臂梁挑阳台

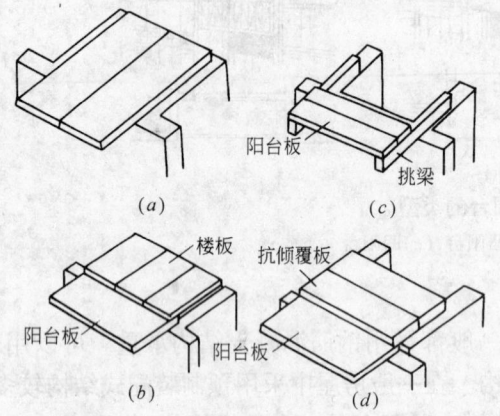

图 4-23 预制钢筋混凝土凸阳台的承重构件
(a)由楼板延伸挑出；(b)楼板一端压在阳台板上；(c)承重墙挑梁支承阳台板；(d)抗倾覆板压在阳台板上

2. 钢筋混凝土凸阳台

当房屋的楼板采用预制板时，阳台也普遍采用预制钢筋混凝土板挑出。预制钢筋混凝土凸阳台有以下四种做法：

（1）墙上的凸阳台由预制楼板延伸挑出墙外。有的地区采用变截面板，即在室内部分为空心板，挑出部分为实心板。这种做法由于预制板的尺寸和重量都较大，不便于运输和安装。其示意图见图 4-23(a)。

（2）承重墙上的凸阳台用阳台板挑出，见图 4-23(b)。此时将预制楼板的一端压在阳台板上，预制楼板和墙传来的荷载形成后部压重，从而保证了阳台板的稳定。为了确保稳定还要加抗覆梁。

（3）墙上的凸阳台，可由承重墙挑出悬臂梁，在悬臂梁上铺设预制板组成阳台结构，见图 4-23(c)。

（4）当楼板支承在横墙上，需要纵墙挑出阳台板时，也可以用预制阳台板挑出，由一块抗倾覆板压在阳台板上。此时抗倾覆板传来的上部横墙荷载构成阳台后部压重。这种类型见

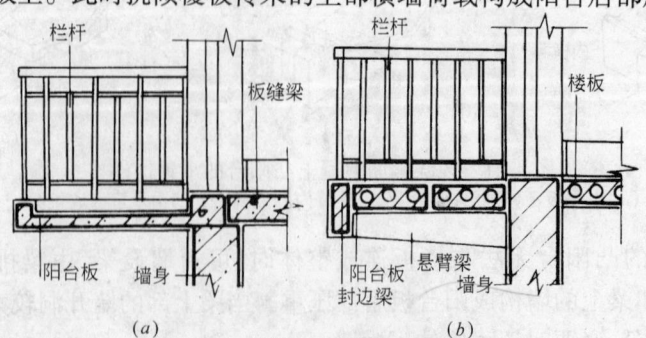

图 4-24 预制钢筋混凝土阳台剖面
(a)板悬臂阳台；(b)悬臂梁挑阳台

图4-23(d)。为了满足抗倾覆板的强度和刚度要求,抗倾覆板应采用实心板。

预制钢筋混凝土阳台各构件之间的关系如图4-24所示。

3．半凸阳台和凹阳台

一般凹阳台的承重,是将预制钢筋混凝土板搁置在阳台两侧的墙上(见图4-20(c)),也可以沿外墙设一小梁,将阳台板搁置在小梁和凹入的外墙上(图4-20(c))。半凸阳台的承重构件可按凸阳台的各种作法处理,如凸出长度不大,亦可沿外墙设一小梁,把阳台板搁置在小梁和凹入的外墙上(图4-20(b))。

(二) 栏杆和栏板

阳台的栏杆和栏板的作用有两个方面:一方面是承担人们推倚的侧推力,如住宅的栏杆按0.5kN/m计算,学校、剧场等公共建筑的杆按1kN/m计算,以保证人的安全;另一方面是对整个房屋有一定的装饰作用。因而栏杆和栏板的构造要求是坚固和美观。栏杆和栏板的高度应高于人体的重心,一般不宜小于1.05m,高层建筑的阳台栏杆(板)还应加高,但不宜超过1.20m。

栏杆和栏板按材料可分金属栏杆、钢筋混凝土栏板与栏杆、砌砖栏板与栏杆。栏杆和栏板的形式见图4-25。

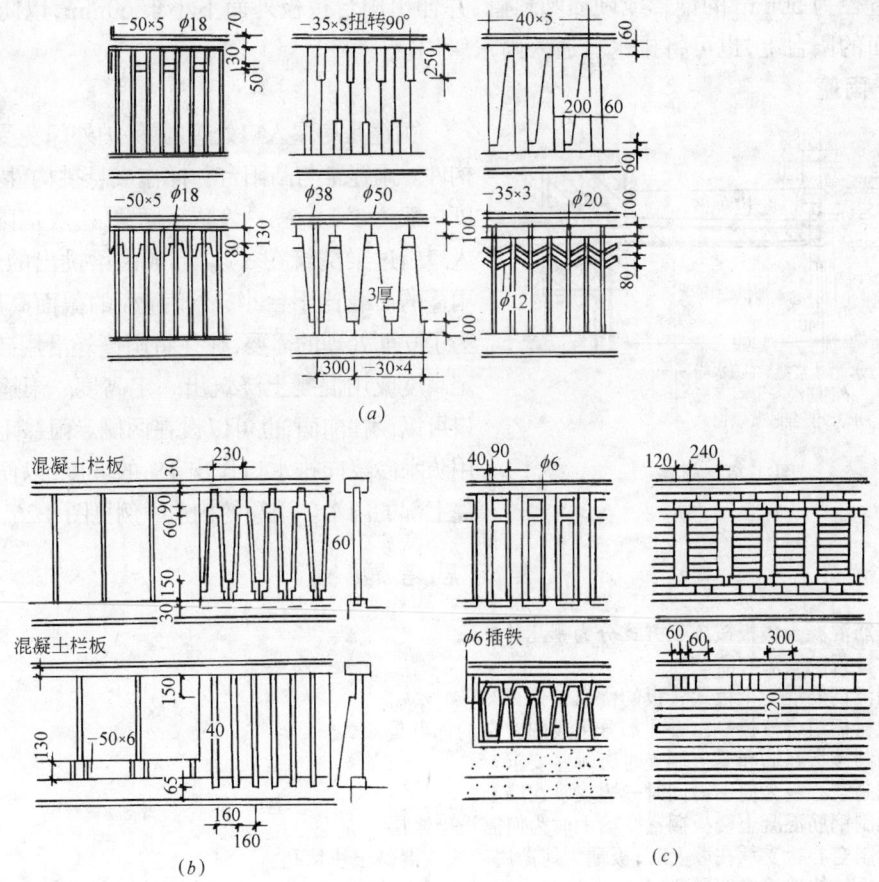

图4-25　栏杆和栏板的形式
(a)金属栏杆;(b)钢筋混凝土栏板与栏杆;(c)砖砌栏板与栏杆

1．金属栏杆

金属栏杆一般由方钢、圆钢、扁钢和钢管等组成,图案由建筑设计确定。金属栏杆与阳台板的连接一般有两种方法:一是在阳台板上预留孔槽,将栏杆立柱插入,用水泥砂浆灌注;二是在阳台板上预埋钢板或钢筋,将栏杆与钢板或钢筋焊在一起。

2．钢筋混凝土栏板或栏杆

采用钢筋混凝土栏板或栏杆可节省钢材,可以采用栏板与栏杆结合的形式,便于进行立面处理,故当前采用较多。栏板或栏杆与阳台板的连接有两种作法:一是钢筋混凝土栏板或栏杆中的钢筋,与阳台板的预留钢筋以及砌入房屋墙内的锚固钢筋绑扎在一起;另一种作法是栏板或栏杆预留铁件与阳台板上的铁件焊在一起。

3．砖砌栏板

砖砌栏板的厚度一般为半砖厚,在栏板上部的灰缝中加入 2φ6 通长钢筋,并将钢筋端部与砌入墙内的预留钢筋绑扎在一起。

(三) 阳台的排水处理

为防止阳台上的雨水流入室内,阳台的地面最好比室内地面低 20～50mm。阳台地面应向两侧作出 1% 的坡度,以便将雨水排除。设栏板的阳台,应在两侧设排水口。排水口一般埋设直径为 50mm 的钢管或硬质塑料管,并伸出阳台栏板外面不小于 60mm,以防排水时落到下面的阳台上,也可将排水口通入雨水管内。

二、雨篷

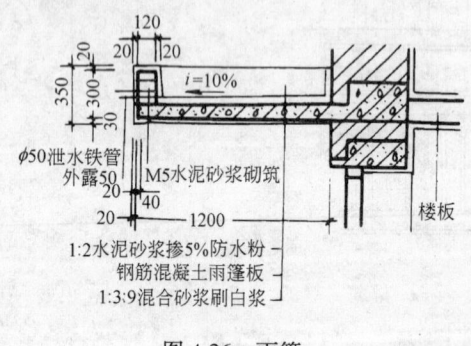

图 4-26　雨篷

雨篷是房屋入口处遮雨、保护外门免受雨淋的构件。雨篷常与凸阳台一样作成悬挑构件,悬挑长度一般为 1～1.5m。为防止倾覆,一般把雨篷板与入口门过梁浇筑在一起,形成由梁挑出的悬臂板。雨篷的荷载比阳台小,故雨篷板的截面高度较小。为了立面处理的需要,往往将雨篷外沿用砖砌出一定高度或用混凝土浇筑出一定高度。雨篷的排水口可以设在前面,也可以设在两侧。雨篷上表面应用防水砂浆向排水口作出 1% 的坡度,以便排除雨篷上部的雨水。雨篷的构造举例见图 4-26。

复习思考题

1. 钢筋混凝土楼板按施工方式分为哪几种?
2. 对楼板的要求有哪些?
3. 现浇钢筋混凝土板式楼板的优点是什么?
4. 钢衬板组合楼板是由哪几部分组成的? 它的优点是什么?
5. 预制楼板在墙和梁上搁置时有哪些要求?
6. 预制空心板为何不得同时三边支承在墙上?
7. 预制钢筋混凝土楼板搁置在墙上时为何需设坐浆层?
8. 预制空心板支承在墙上时,板端为何需用砖块或混凝土块堵孔?
9. 地面的构造组成有哪些?
10. 天然石板地面的构造组成是什么?
11. 无梁楼板的板厚同板跨与周边圈梁截面高度的关系如何?
12. 预制楼板的侧缝有哪几种形式,当缝隙大于是 200mm 时,侧缝应如何处理?
13. 雨篷的构造要点有哪些?

第五章 门 与 窗

门和窗是房屋围护结构的重要建筑配件。窗的主要作用是采光、通风、日照以及供人们向外观景和眺望。门的主要作用是联系和分隔空间（室内与室外之间、房间与走道之间、房间与房间之间）。同时，由于它们是围护结构的一部分，因此也就应该具有保温、隔热、隔声、防水、防风沙等围护作用。

第一节 窗的作用、类型与构造

一、窗的作用
（一）采光和日照
建筑物的房间必须采光，采光有两种方式：天然采光和人工照明。人工照明需要消耗电能，人的识别能力没有在自然光线下强，同时，人长期呆在人工的光环境下会增加视觉疲劳。而天然采光是利用太阳光线，既不需耗费能源，又提高了人眼睛的舒适度和识别能力。因此，房屋应尽最大可能充分利用天然采光。这就要求房屋应有合适的窗地比（窗户面积与房间地板面积的比值）。按规范要求每一类房间都有一定的窗地比，如卧室、起居室为1/7，教室为1/6，阅览室、陈列室为1/4，楼梯间为1/14等。

另外，对于宿舍、公寓、疗养院等类型的建筑，以及住宅建筑中的居室、托幼建筑中的活动室等，从卫生和舒适度方面要求有良好的日照条件，对于这些类型的建筑，窗户还要满足日照的要求。

（二）通风
建筑通风有两种途径：自然通风和机械通风。对于标准较高的写字楼、宾馆、医院等，利用机械通风甚至空气调节系统、人工照明，可以营造一个较为舒适的人工环境，但实践证明人长期在这种环境中对健康是有害的。尤其对于大量性建造的建筑来讲，从节能的角度出发更应该充分利用窗的通风功能，解决好建筑的通风问题。

（三）围护
窗是围护结构的一部分，它的围护作用也是很重要的。窗的围护功能包括保温隔热、防风雨、隔声等。

建设部颁布实施的《民用建筑节能设计标准》(采暖居住建筑部分)JGJ 26—95 中规定了节能50%的新节能目标，要实现这一目标，就必须加强外墙、门窗、屋面等围护结构的保温隔热措施。以哈尔滨某砖混结构住宅为例，在建筑耗热量中，传热耗热量约占71%，空气渗透耗热量约占29%。在传热耗热量所占份额中，窗户约占28.7%，外墙约占27.9%，屋顶约占8.6%，地面约占3.6%，阳台门下部约占1.4%，外门约占1%。窗户的传热量与空气渗透耗热量占的比例是很大的。因此，窗户是建筑耗热的主要部位，也是节能设计的重点处理部位。

窗应能防止室外雨水进入室内。雨水在风的作用下，进入室内的途径有：(1)窗框四周与墙体之间的缝隙；(2)窗框与窗扇、窗扇与窗扇之间的缝隙。这都需要窗在构造上采取相应的措施,阻断这两种雨水侵入室内的途径。

此外,窗也是噪声传入室内的主要途径。从使用上要求窗应具有隔绝噪声的能力。

二、窗的类型

(一) 按材料分

窗按所使用的材料分为木窗、钢窗、铝合金窗、彩钢窗、塑钢窗、塑料窗、玻璃钢窗、预应力钢丝网水泥窗等。

木窗制作方便,但窗料断面大,挡光多,消耗木材多。尤其是我国森林覆盖率低,木材资源缺乏,木材的再生周期又较长,本着节约木材的原则,应尽量少用。近几年木窗正逐步被一些新型窗所取代。

钢窗的强度大,坚固耐久,造价较低;钢材遇火不燃烧,钢窗的防火性能好;钢窗用料断面小,增加了窗户的透光面积,透光率约为木窗的1.3倍。另外,钢窗可以采用工厂制作的方式,对促进建筑工业化也有积极意义。因此,钢窗与木窗相比,具有较大的优势。但钢窗的保温性能差,在使用过程中与潮湿空气接触易锈蚀,由于运输等原因密闭性也受到影响,防风沙、防空气渗透的性能差,使用维修较困难。由于这些原因,钢窗的应用推广受到一定影响。

铝合金窗空心薄壁,质量轻,强度高,便于加工;具有金属的质感,窗料相对较小,挡光少,密闭性比木窗和钢窗要好,与新型建筑外墙材料组合在一起,简洁、美观。常见颜色有银白色和茶色等。铝合金窗近几年已被普遍采用。

彩钢窗改善了钢窗的加工工艺和缺点,更为美观,耐腐蚀能力也大大加强;改变钢窗的焊接连接为专门配套的连接件连接,组装更为灵活,但造价也较高。

塑钢窗在国内是一种较新的窗户类型。外表塑料,内衬钢芯,强度高,耐腐蚀,耐久性好,节点加工成型后再把表面的塑料层焊接,加上专用的五金配件,密闭性很好,室内外的颜色可以有多种多样的颜色,豪华美观。但造价高。随着经济的发展会逐步得到普及应用。近几年国内开始生产的塑钢共挤型钢塑门窗,改变了在组装时穿入钢芯的做法,连接更为可靠,同时,由于PVC发泡结皮技术的应用,也使得这种钢塑门窗更为节能。

塑料窗类似于铝合金窗,一般为白色,造价比铝合金窗稍低。但由于强度问题使用受到限制。尤其是普通双层玻璃塑料门窗和50mm系列以下单腔结构型材的塑料门窗,建设部2001年7月第27号公告已经予以淘汰。

玻璃钢窗和预应力钢丝网水泥窗一般用于工业建筑,民用建筑采用较少。

(二) 按开启方式分

窗按开启方式分为平开窗、固定窗、转窗(上悬窗、下悬窗、中悬窗、立转窗)和推拉窗四种基本类型。此外,还有滑轴、折叠等开启方式,窗的开启方式见图5-1。

平开窗是最常见的一种形式。窗扇用铰链(也叫合页)与窗框连接,可以向外开启,也可以向内开启。优点是通风效果好,尤其外开平开窗利于防止雨水进入室内,又不占室内空间,因此采用较广。但是,双层窗或带纱扇的窗,里层须向内开。外开平开窗用于高层、中高层建筑时,擦洗玻璃较困难。

固定窗一般不设窗扇,而直接将玻璃镶嵌在窗框上。也可以设窗扇,将窗扇固定于窗框上。固定窗只能采光,不能通风。

转窗指绕水平轴或垂直轴旋转开启的窗户。根据轴的位置不同分为上悬窗、下悬窗、中悬窗和立转窗。其中中悬窗最为常用。这种窗的优点是玻璃损耗小,占室内空间少。常用

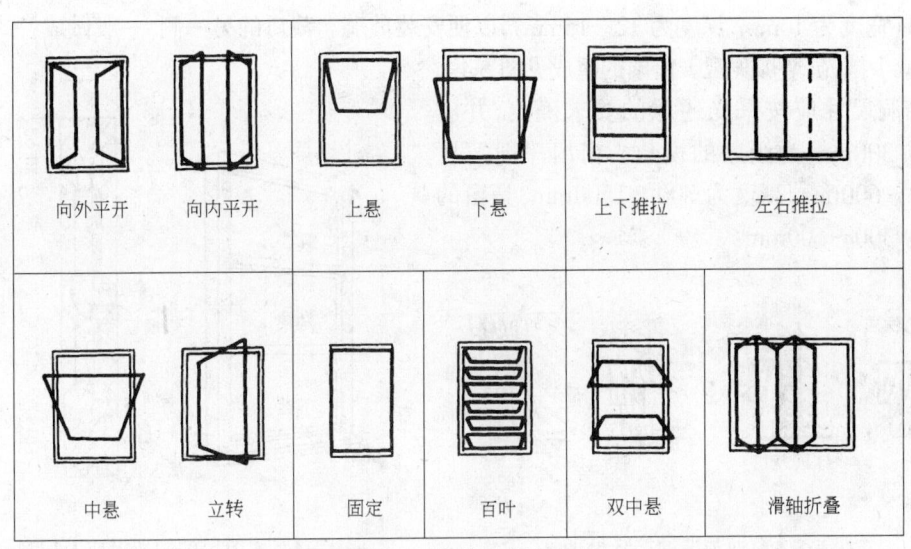

向外平开　　向内平开　　上悬　　下悬　　上下推拉　　左右推拉

中悬　　立转　　固定　　百叶　　双中悬　　滑轴折叠

图 5-1　窗的开启方式

于楼梯间的窗户、走道的间接采光窗以及门的亮窗等部位。

推拉窗指左右推拉或上下推拉开启的窗。优点是开启后不占室内空间,玻璃损耗也小。但开启的面积受到限制,密闭性也没有平开窗好。

三、窗的构造

(一) 木窗

木窗以平开窗居多。主要由窗框(窗樘)和窗扇组成。窗扇有玻璃扇、纱窗扇、百叶扇等。另外,还有铰链、风钩、插销等五金零件。有时根据装修标准不同,还会设置窗台板、贴脸板等。平开木窗的构造见图 5-2。

窗框也叫窗樘,它固定在墙上以安装窗扇。窗框由上框、下框、边框、中横框、中竖框等榫接而成。窗框的安装有立口和塞口两种方法。立口安装时上下框比窗宽每边各长 120mm 砌入墙内(称为羊角),边框外侧高度方向每隔 500～700mm 设木拉砖砌入墙内。塞口安装时窗框比洞口略小,墙体砌筑完工后塞入窗框,用铁钉固定在预先砌到洞口两侧的预埋木砖上。所有砌入墙体内的木砖,都应涂刷沥青进行防腐处理。

为使窗框与墙体间连接紧密,可采取一些构造措施,如图 5-3 所示。

窗扇由上下梃(上下冒头)、左右边梃、中间窗芯(窗棂)组成。它们全部榫接,厚度一致(约 35～42mm),上下左右梃的宽度也一致(约 55～60mm),并做出玻

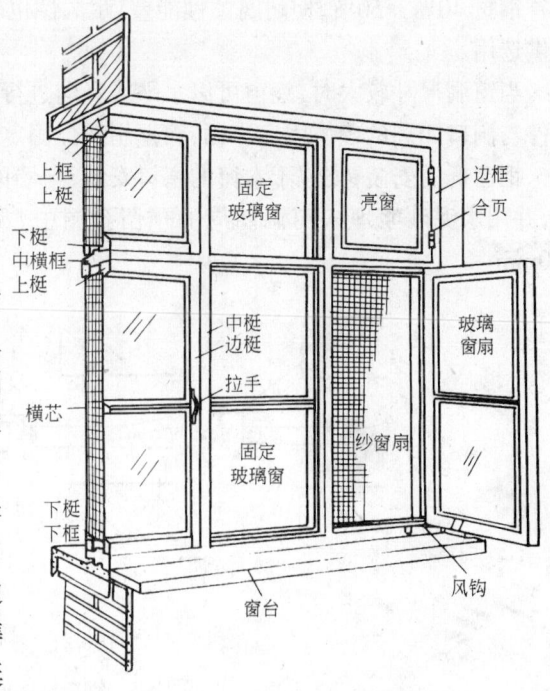

图 5-2　平开木窗的构造组成

璃裁口(宽度为 10mm,深度为 12～15mm),以便安装玻璃。裁口的另一侧,一般做成各式的线脚,以减少挡光,增加美观。窗扇的组成见图 5-4。

窗洞尺寸应按采光通风的要求确定,并应符合以 300mm 为级差的模数。窗扇一般宽度为 400～600mm,高度为 800～1500mm;亮窗的高度为 300～600mm。

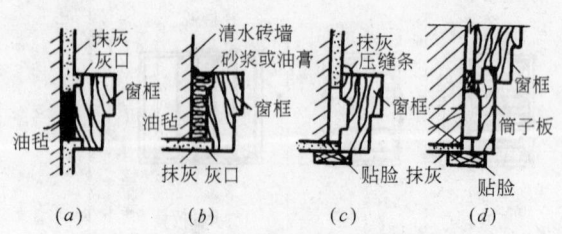

图 5-3 窗框与墙的接缝处理

(a)窗框做灰口抹灰;(b)用油膏填塞;(c)做贴脸板
和压缝条;(d)做贴脸板和筒子板

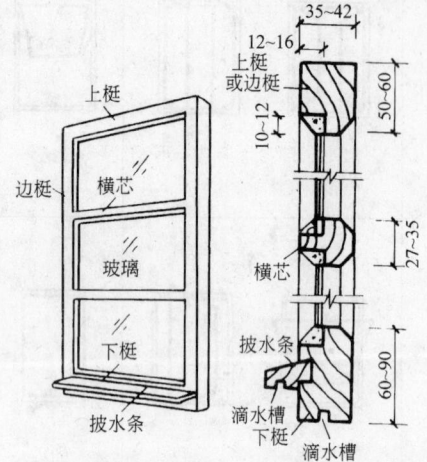

图 5-4 木窗扇的构造组成及用料

(二) 钢窗

钢窗按所使用的材料断面分为实腹式和空腹式两种。

实腹钢窗料是热轧的型材,称为热轧窗框钢。它的规格按截面高度分为 20、22、25、32、35、40、50、55 和 68mm 九个系列,每个系列又有若干型号。窗料的厚度为 2.5～4.5mm,由于厚度较厚,耐腐蚀能力也较强,但耗钢量较大。

空腹钢窗是用 1.2mm 厚的钢板,经冷轧和高频焊接、调直制成的中空窗料。比实腹料节省钢材 40%～50%,但耐腐蚀性能差,耐久性也较差。与实腹式钢窗相类似,也有多种系列供选用。

当窗洞尺寸较大时,钢窗可以水平或竖向进行拼樘,每个系列都有相对应的拼樘件。拼樘件与洞口四周的墙体固定牢固,窗框用螺栓固定于拼樘件上。

钢窗框的安装,类似于木窗的塞口安装,与墙的连接方法,采用开脚扁铁沿窗框四周固定,并用水泥砂浆埋入窗洞四周的预留孔洞中(见图 5-5)。固定点的间隔距离为 400～500mm。

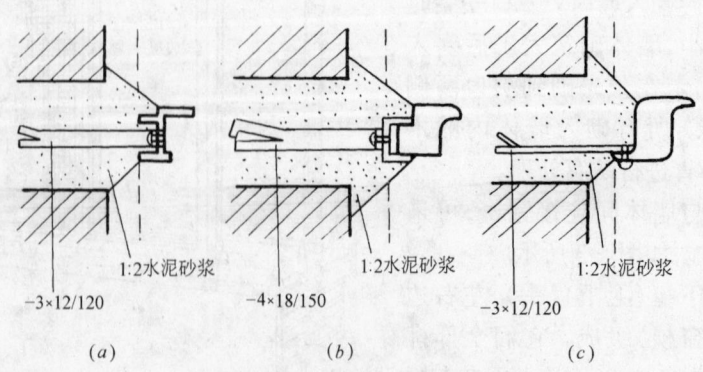

图 5-5 钢窗框的安装节点

(a)实腹钢窗;(b)空腹钢窗(京 66 型窗料);(c)空腹钢窗(沪 68 型窗料)

（三）铝合金窗、塑钢窗

铝合金窗、塑钢窗及塑钢共挤型钢塑窗等与钢窗相类似,都是由工厂定型生产窗料,然后现场或工厂加工成窗,现场安装。安装方法也与钢窗相类似,一般采用塞口式安装,通过连接件用射钉或胀栓与洞口四周墙体连接。

第二节　门的作用、类型与构造

一、门的作用

（一）通行与安全疏散

门的主要作用是日常供人们通行,起到联系各种使用空间以及室内外空间的作用。在发生火灾或其他紧急情况时,供人们紧急疏散。为确保疏散的安全性,门的位置、宽度、数量、开启方式、构造做法以及耐火极限等都应符合防火规范的有关规定。

（二）围护作用

门窗都是围护结构的一部分,因此都应具有围护结构的作用。比如,外门应能防雨(因上部一般都设有雨篷,防水构造没窗做得好)、隔声、防风沙等,寒冷地区的采暖建筑外门还应保温(采暖地区建筑一般设有门斗);房间的内门也要考虑隔声,对于普通木门来说,夹板门要比镶板门的隔声能力好。

（三）采光通风

全玻璃外门和半截玻璃门,都兼有采光的作用,即使普通的门,开启时也可以补充室内的照度。门的位置安排得当,与窗一起共同起到组织室内通风的作用。

（四）美观

无论建筑的外门还是房间的内门,都应该醒目突出、美观。因此,建筑外门是立面处理的重点部位;房间门是内部装修的重点部位。

二、门的类型

门的类型很多。门按所在位置分为外门和内门。门按所用材料分为木门、钢门、铝合金门、塑料门、玻璃门、塑钢门等。目前,木门的使用还很广泛。

门按开启方式分为平开门(含双向开启的弹簧门)、推拉门、折叠门、转门、卷帘门等(见图5-6)。以平开门最为常见。

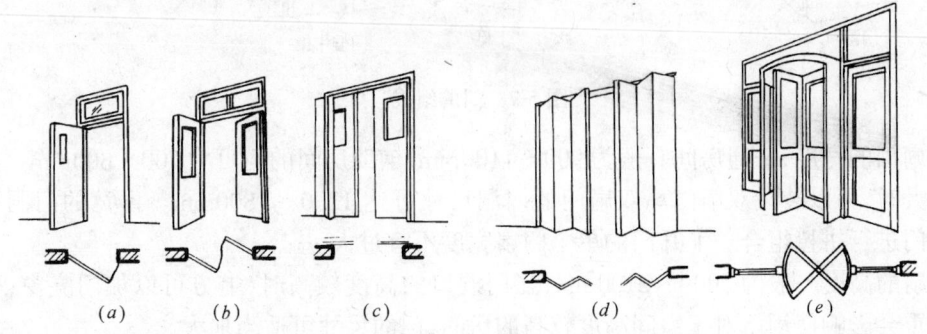

图 5-6　门的开启方式
(a)平开门;(b)弹簧门;(c)推拉门;(d)折叠门;(e)转门

平开门有单扇和双扇之分,又有内开外开之别。平开门是在门扇的侧面用铰链将门框和门扇连接,开启方便灵活,因此,工业与民用建筑选用较多。但门扇尺寸过大时平开门因受力不合理而易损坏。弹簧门是平开门的一种,是将普通铰链改为单管或双管弹簧铰链,或装设地弹簧,常常用于人流出入频繁的公共建筑的外门。

推拉门是利用门扇在轨道上左右推拉滑行来开启的。可上挂,也可下滑;可悬于墙外,也可隐于墙中。开启后不占使用空间,受力比平开门合理,但构造复杂,民用建筑用得较少。铝合金、塑钢等材料加工的阳台落地门(也可叫落地窗)有时采用。

折叠门的门扇开启后可以折叠到一起,占使用空间少,但构造复杂,适用于洞口尺寸较大的门,比如商店、库房等。

转门两侧有固定的弧形门套,三扇或四扇绕一竖轴旋转的门扇。保温效果较好,也比较美观。但构造复杂,造价较高。一般用于人流出入频繁的较高级的公共建筑。

卷帘门两侧是轨道,上方有转轴,门扇是由镀锌铁皮、铝合金薄板或不锈钢薄板等轧制成型的条形页板。可电动或手动,比较坚固,使用方便,一般用于商店、库房等建筑。也有用不锈钢杆件连接而成的镂空卷帘门,常与玻璃门配合使用。

三、平开木门的构造

门根据所用材料以及开启方式的不同,构造也多种多样。因平开木门是现阶段比较常用的一种形式,这里仅介绍平开木门的构造。另外,钢门与钢窗的用料、构造基本一致,只是在门芯板的位置,改为钢板而已,所以钢门的构造这里也不再赘述。

(一)平开木门的组成与尺寸

平开木门由门框、门扇组成。根据装修标准不同,有时还有贴脸板、筒子板等。门框与门扇之间用铰链连接,另外还要有拉手、插销、锁具等五金零件。门的组成见图5-7。

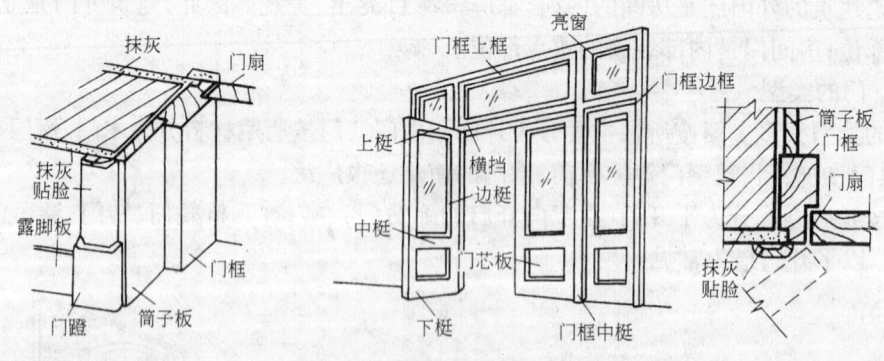

图5-7 门的组成

单扇门的宽度,普通房间一般为900～1100mm,辅助房间的门可为700～800mm。洞口尺寸较大时,可以装设双扇门。双扇门的门洞尺寸可达1200～1800mm。再宽的门洞可采用多樘门进行拼樘组合。平开门的单个门扇宽度不宜过大。

门扇的高度一般为2000～2100mm,当门洞口的高度较高时,上方可以加门亮窗,否则门扇过重会影响使用。对于空间高度较高的房间,门的尺寸可适当加大。

(二)门框

门框由两根边框、上框、中横框、下框组成。高度较小没有亮窗的门没有中横框;为通行方便,建筑的内门一般不设下框(即门槛),外门除了保温、防风沙、防水、隔声等要求较高外,一般也不设门槛。

(三)门扇

门的名称就是由门扇的名称而来的,门扇的名称又反映了它的构造。

1. 镶板门

镶板门是一种常见的门扇。由较大尺寸的骨架和中间镶嵌的门芯板组成。骨架由上下梃、两根边梃组成,有时中间有横向的中梃。门芯板的厚度为 10~15mm。镶板门的构造见图 5-8。

2. 镶玻璃门和半截玻璃门

将镶板门全部或门扇上半部的门芯板换为玻璃,就成为镶玻璃门或半截玻璃门。镶玻璃门和半截玻璃门可用于建筑的外门,以及会议室等房间的门。

3. 夹板门

夹板门是采用较小规格的木料作为骨架,在木骨架的两面粘贴胶合板、纤维板或其他人造板材。夹板门的自重轻,开关轻便,表面平整美观,但不耐潮湿和日晒,多用于普通房间的内门。夹板门的构造见图5-9。

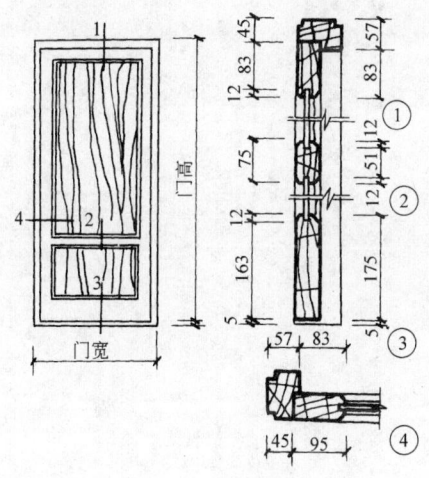

图 5-8 镶板门

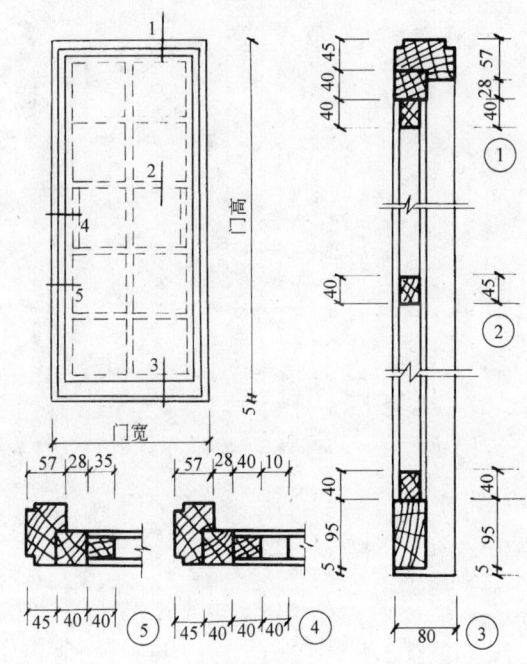

图 5-9 夹板门

4. 拼板门

构造做法类似于镶板门,只不过它的芯板是由许多窄木板条拼合而成。板条之间做成企口,使板条之间可以自由胀缩,以适应周围环境湿度的变化。常用于室内湿度相对较大的卫生间蹲位隔间的门。

5. 纱门、百叶门

在木门扇的骨架内镶入窗纱或百叶,就成为纱门或百叶门。住宅的非封闭阳台门应装纱门。百叶门用于通风要求较高的建筑物。

木门的安装与木窗类似,有立口和塞口两种方式。一般采用立口安装方式。采用立口式安装的门框上框,应留有伸入墙体内的羊角,并做防腐处理。

复习思考题

1. 窗按开启方式分为几种形式？
2. 窗按所用材料分为几种形式？常用的是哪些？
3. 门按开启方式分为几种形式？
4. 门按所用材料分为几种形式？常用的是哪些？

第六章 楼梯与电梯

第一节 楼梯的组成与形式

一、楼梯的组成

楼梯一般由楼梯段、平台、栏杆或栏板三部分组成,图 6-1 是楼梯组成示意图。

(一)楼梯段:楼梯段是由踏步组成的,踏步的水平面叫踏面,垂直面叫踢面。当人们连续上楼梯时,容易疲劳,因而规定一个楼梯段的踏步数最多不应超过 18 级。又由于人的行走有习惯性,楼梯段的踏步数最少不宜少于 3 级。

(二)楼梯平台:楼梯平台位于两个梯段之间,它的作用是缓解疲劳,使人们在上楼梯过程中得到暂时休息。楼梯平台也起着楼梯段之间的联系作用。

(三)栏杆或栏板:栏杆或栏板是楼梯的安全设施,设置在楼梯段和平台临空一侧,保证人们在楼梯上行走的安全。

(四)扶手:在栏杆或栏板上端安装扶手,做上下楼梯时依扶之用,同时也增加楼梯的美观。

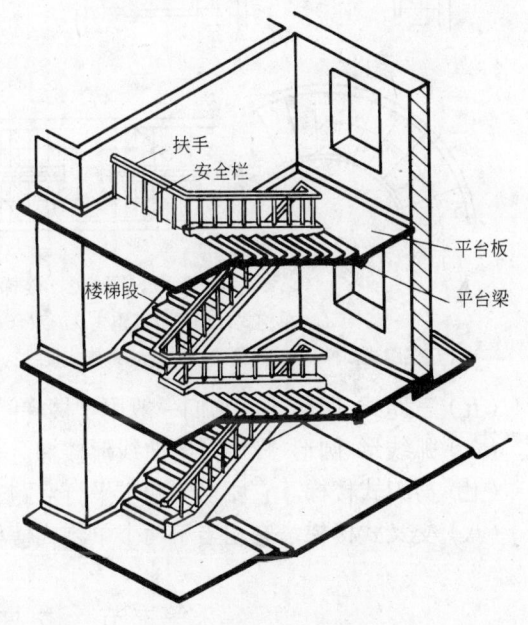

图 6-1 楼梯组成示意图

二、楼梯的形式

楼梯依楼梯段形状以及与平台的相对位置不同,形成了不同的楼梯形式。图 6-2 为各种楼梯形式的示意图。

(一)单跑式楼梯。从该楼层至上一楼层经过一个梯段,中间没有休息平台。楼梯间的宽度较小、长度较大,常用于住宅等层高较小的房屋。

(二)平行双跑式楼梯。它是普遍采用的一种形式。由于第二跑楼梯段折回,所以这种形式楼梯间的进深较小。

(三)双分式和双合式楼梯。它们是平行双跑式楼梯的一种特殊形式,常用于公共建筑。双分式楼梯是第一跑为一个较宽的梯段,经过楼梯平台后分成两个较窄的梯段与上一层相连。双合式楼梯第一跑是两个较窄的梯段,经过楼梯平台后合成一个较宽的梯段与上一层相连。

(四)曲尺式楼梯。它的两个梯段相互垂直布置,中间设有一较小的楼梯平台。

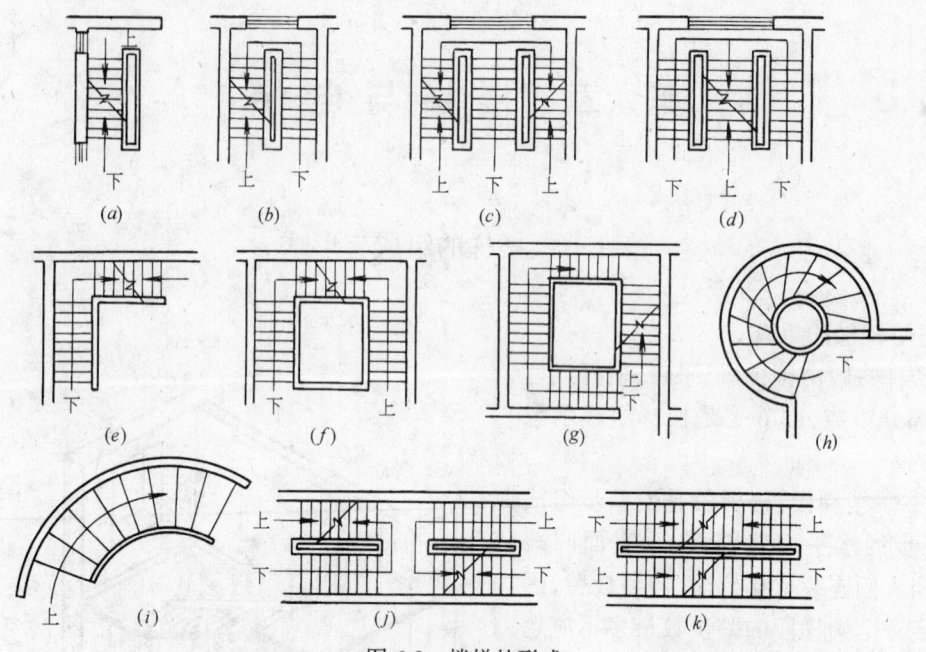

图 6-2　楼梯的形式

(a)单跑式;(b)平行双跑式;(c)双合式;(d)双分式;(e)曲尺式楼梯;
(f)三跑式楼梯;(g)四跑式楼梯;(h)螺旋式楼梯;(i)弧形楼梯;(j);剪刀式楼梯;(k)交叉式楼梯

（五）三跑式、四跑式。它们一般用于楼梯间接近方形的公共建筑。

（六）弧线形、圆形、螺旋形等曲线形楼梯。一般采用较少,公共建筑可根据需要选用。

（七）剪刀式楼梯。它相当于两个平行双跑式楼梯对接,多用于公共建筑。

（八）交叉式楼梯。它相当于两个单跑式楼梯交叉布置,多用于公共建筑。

第二节　楼梯的尺度

一、楼梯的坡度

楼梯的坡度是指梯段的坡度,有两种表示方法。一种是用梯段与水平面的夹角表示;另一种是用踢面的高度与踏面的宽度之比表示。楼梯的坡度一般在 20°～45°之间,即 1/2.75～1/1。坡度小于 20°时,采用坡道形式。坡度大于 45°时,则采用爬梯。

公共建筑的楼梯使用人数较多,坡度应比较平缓,一般常用 1/2(26°34′)左右。住宅建筑的楼梯使用人数较少,坡度相对较陡,常用 1/1.5(33°42′)左右。

楼梯、爬梯、坡道的坡度范围见图 6-3。

二、楼梯的宽度

楼梯的宽度包括梯段的宽度和平台的宽

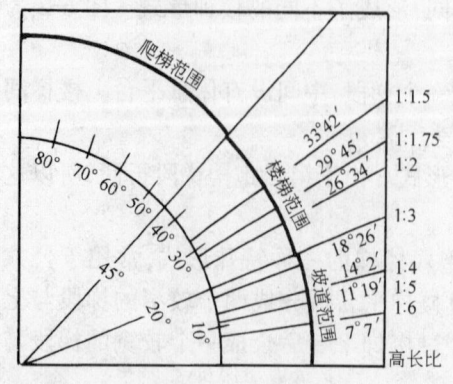

图 6-3　楼梯的坡度

度。楼梯段的宽度是根据通过楼梯人流量的大小和安全疏散的要求决定的。供单股人流通行时，宽度不应小于850mm；供双股人流通行时，宽度应为1100～1200mm；供三股人流通行时，宽度应为1500～1650mm，见图6-4。但消防疏散用楼梯宽度不应小于1100mm。

为了便于搬运家具，平台的宽度应不小于梯段的净宽度，住宅建筑楼梯的平台的宽度应≥1200mm。平台的宽度见图6-5。

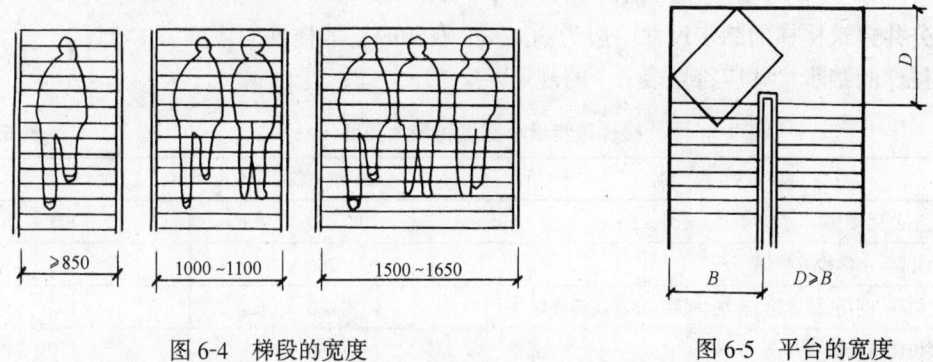

图6-4　梯段的宽度　　　　　　　　　　　图6-5　平台的宽度

楼梯梯段之间的距离称为梯井，梯井的宽度一般为160～200mm。

三、楼梯的净空高度

楼梯的净空高度包括梯段的净空高度和平台下的净空高度。梯段的净空高度是指自任一踏面到相应的上一梯段底面之间的距离，一般应≥2200mm。当首层楼梯平台下设有出入口时，该平台下的净空高度一般应≥2000mm，公共建筑应≥2200mm，楼梯的净空高度见图6-6。

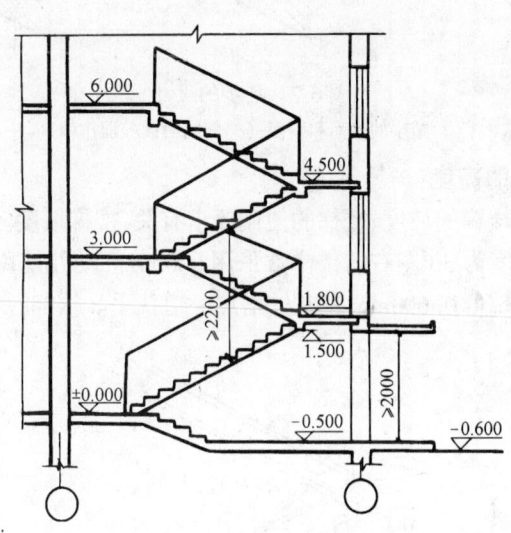

图6-6　楼梯的净空尺寸

四、楼梯踏步尺寸

踏面宽度为300mm时，人的脚完全可以落到踏面上，行走舒适。当踏面宽度较小时，由于脚的一部分会部分悬空，行走不方便。踏面的宽度一般为240～300mm。踢面高度取决

于踏面宽度,踢面高度与踏面宽度的和与人的步距有关,经验公式如下:

$$2h + b = S$$
$$h + b = 450\text{mm}$$

式中　h——踏步踢面的高度;

　　　b——踏步踏面的宽度;

　　　S——平均步距(600~610mm)。

公共建筑楼梯的踏步尺寸一般为 300mm×150mm,即楼梯的坡度为 1:2。

楼梯的踏步尺寸应符合表 6-1 的规定。

楼梯踏步最小宽度和最大高度(mm)

表 6-1

楼 梯 类 别	最 小 宽 度	最 大 高 度
住宅公用楼梯	260	175
幼儿园、小学校等楼梯	260	150
电影院、剧场、体育馆、商场、医院、疗养院等楼梯	280	160
其他建筑楼梯	260	170
专用服务楼梯、住宅户内楼梯	220	200

当踏面尺寸较小时,可以采用斜踢面或加作踏口的方式加宽踏面。

踏步尺寸见图 6-7。

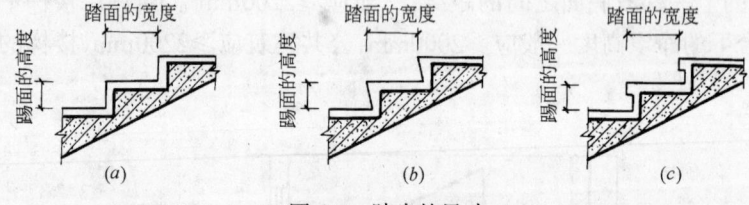

图 6-7　踏步的尺寸

(a)踏步的踏面和踢面;(b)斜踢面;(c)加作踏口

五、楼梯栏杆扶手的高度

楼梯扶手的高度与楼梯的坡度、楼梯的使用要求有关,楼梯坡度较陡时,扶手高度矮些,坡度平缓时高度大些。坡度为 30°左右的楼梯常采用 900mm。幼儿使用的楼梯扶手高度不能降低,为满足幼儿使用要求,可在 600mm 左右处增加一道扶手。楼梯栏杆扶手的高度见图 6-8。

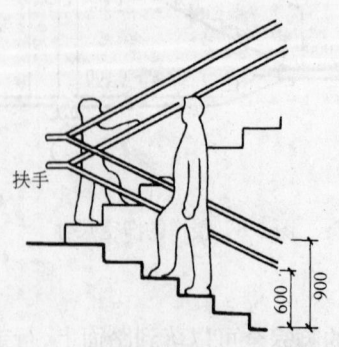

图 6-8　楼梯栏杆扶手的高度

第三节　钢筋混凝土楼梯的类型与构造

钢筋混凝土楼梯具有坚固、耐久、耐火等优点,所以目前广泛采用。以施工方法不同它可分为现浇钢筋混凝土楼梯和装配式钢筋混凝土楼梯两大类。

一、现浇钢筋混凝土楼梯

现浇钢筋混凝土楼梯的楼梯段和楼梯平台浇注在一起,整体性好、刚度大、坚固耐久,但模板消耗多,施工速度慢,适用于抗震要求较高的建筑以及螺旋等形状较复杂的楼梯。现浇钢筋混凝土楼梯以力的传递方式不同分为板式楼梯和梁板式楼梯两种。

(一)板式楼梯

图 6-9 是板式楼梯示意图,板式楼梯是指楼梯段作为一块整板,斜搁在楼梯的平台梁上,平台梁两端支撑在墙上。平台梁之间的距离便是这块板的跨度。这种楼梯结构简单,底面平整,便于装修,但自重大,材料消耗多,适用于层高较小的住宅等建筑。

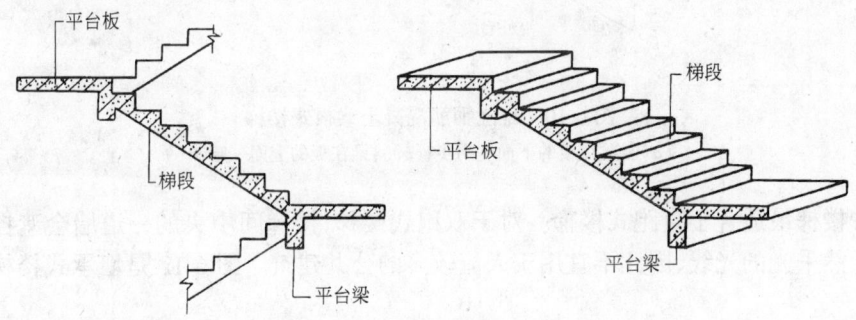

图 6-9　现浇钢筋混凝土板式楼梯

(二)梁板式楼梯

梁板式楼梯是在楼梯段侧面设置梯段梁,梯段梁两段支撑在平台梁上,平台梁两端支撑在墙上。它有两种形式:一种是梯段梁在踏步板下面露出一部分,上面踏步明露,其形式如图 6-10a;另一种是梯段梁向上翻,梁包住踏步板,其形式如图 6-10b。这种形式楼梯板底平整,并可避免污水下流。梁板式楼梯和板式楼梯相比较,可缩小板的跨度,减小板的厚度,结构合理。

二、装配式钢筋混凝土楼梯

装配式钢筋混凝土楼梯是将组成楼梯的各构件在工厂或现场进行预制,在施工现场进行安装。按构件的尺寸不同可分为中小型构件装配式钢筋混凝土楼梯和大型构件装配式钢筋混凝土楼梯两类。

(一)中小型构件装配式钢筋混凝土楼梯

中小型构件装配式钢筋混凝土楼梯,常用的有悬挑式、墙承式、梁承式三种。

1. 悬挑式楼梯。悬挑式楼梯的楼梯段由单个踏步组成,踏步板的一端砌入楼梯间的墙内,形成悬臂板式的楼梯段,如图 6-11a 所示。踏步板的悬臂长度可达 1.5mm。踏步板的形式一般采用正 L 形,伸入墙内部分为矩形,如图 6-11b 所示。

2. 墙承式楼梯。墙承式楼梯是将一字形或 L 形踏步板的两端都砌入墙内,形成楼梯

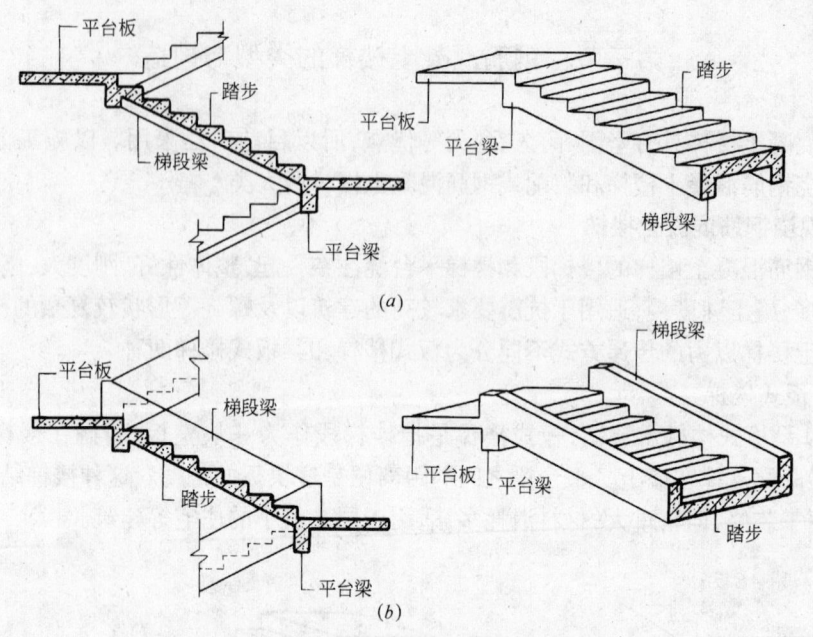

图 6-10 现浇钢筋混凝土梁板式楼梯
(a)斜梁在板的下面—明步;(b)斜梁在板的上面—暗步

段。这种楼梯最适合于直跑式楼梯。对于双跑式楼梯,楼梯间中央的一道墙会遮挡行人的视线和天然采光的光线,因此不宜用于人流较多的公共建筑。图 6-12 是墙承式楼梯的示意图。

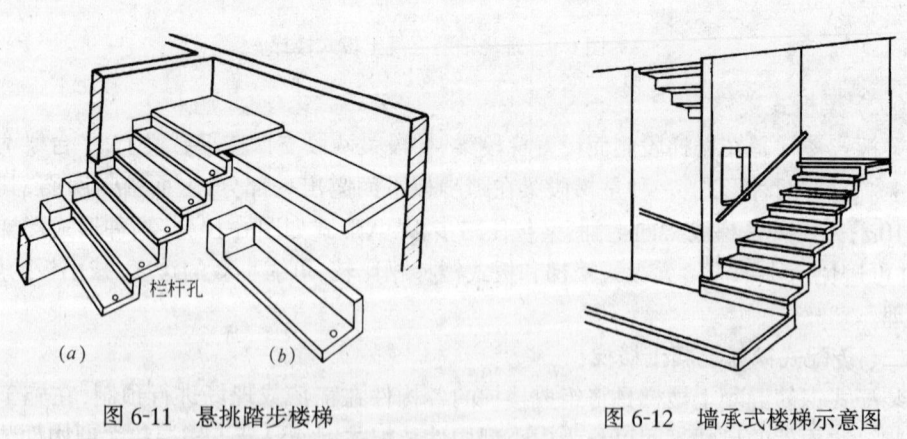

图 6-11 悬挑踏步楼梯
(a)悬挑踏步楼梯示意图;(b)踏步板

图 6-12 墙承式楼梯示意图

3. 梁承式楼梯。梁承式楼梯是将预制踏步板搁置在梯段梁上形成梯段,梯段梁搁置在平台梁上,平台梁搁置在墙上。平台板两端搁置在平台梁和纵墙上或两端搁置在横墙上。梁承式楼梯的踏步板有一字形、L 形、三角形三种,梯段梁有矩形、锯齿形两种。梁承式楼梯的形式见图 6-13。

(二) 大型构件装配式钢筋混凝土楼梯

这种楼梯由平台板和楼梯段组成,楼梯构件的数量少,又可在工厂进行预制,所以施工

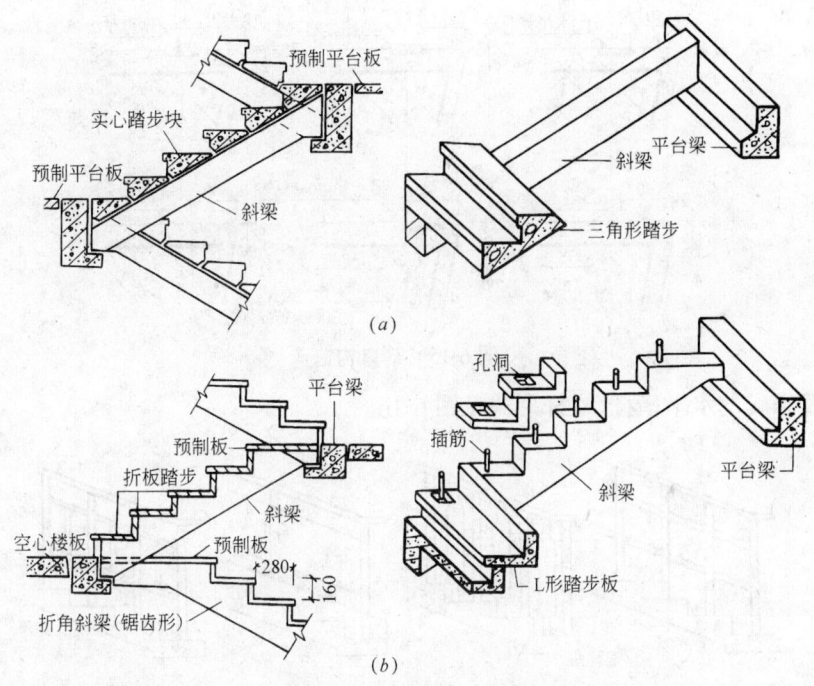

图 6-13　梁承式楼梯
(a)矩形斜面梁与三角形踏步;(b)锯齿形斜梁与 L 形踏步

速度快,施工机械化程度较高时采用。

平台板有带平台梁和不带平台梁两种,主要根据预制和吊装能力决定。

楼梯段有板式和梁板式两种。板式楼梯段可作成实心板或空心板。梁板式楼梯段由踏步和边梁组成,一般边梁与板底相平齐。

三、楼梯的细部构造

(一) 踏面和踏口

楼梯踏步的表面应耐磨、光洁并易于清扫。踏面常采用水泥砂浆、水磨石等,标准较高的建筑也可采用缸砖或大理石。踏面构造见图 6-14。

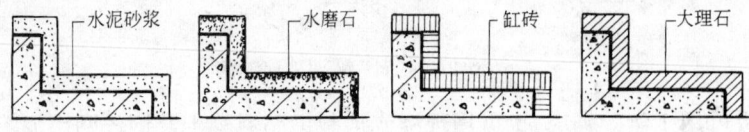

图 6-14　踏面构造

踏口是踏面和踢面的相交处,为防止行人在上下楼梯时滑倒,踏口需做防滑处理。踏口的防滑构造见图 6-15。

(二) 栏杆、栏板和扶手

栏杆有空花式、实心栏板式及混合式三种。空花式栏杆一般是由方钢、圆钢、扁钢等型材焊接或铆接而成。方钢截面的边长和圆钢的直径一般不大于 20mm,扁钢截面不大于 40mm×6mm,常用 40mm×4mm。栏杆立柱之间的空隙不宜超过 120mm,其他方向的间距不宜超过 250mm,以防止人从栏杆间隙中跌落下去。住宅和幼儿园等建筑的栏杆,不宜设

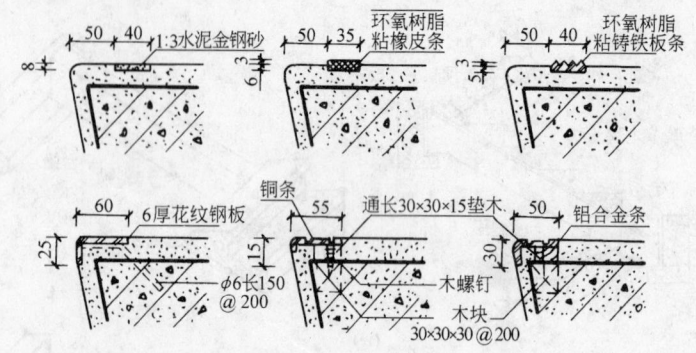

图 6-15 踏口构造

置能使儿童攀爬的水平横杆,栏杆形式见图 6-16。

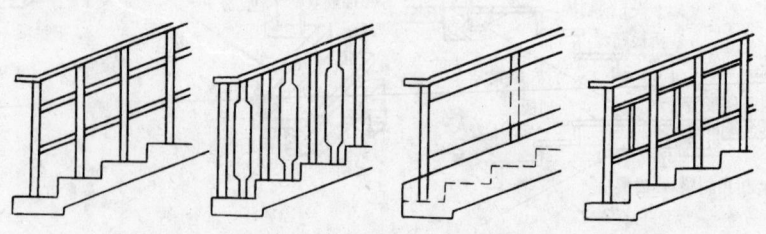

图 6-16 楼梯栏杆的形式

栏杆与踏步的连接方式有锚接、焊接和螺栓连接三种,见图 6-17。

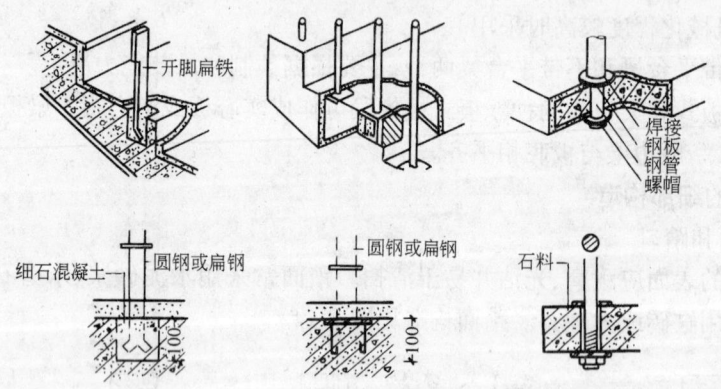

图 6-17 栏杆与踏步的连接

实心栏板可用1/4砖砌成,也可用现浇或预制钢筋混凝土及钢丝网水泥等做成。

扶手有木扶手、金属扶手、塑料扶手、水磨石扶手、大理石扶手等。扶手的形式及其与栏杆和栏板的连接见图 6-18。

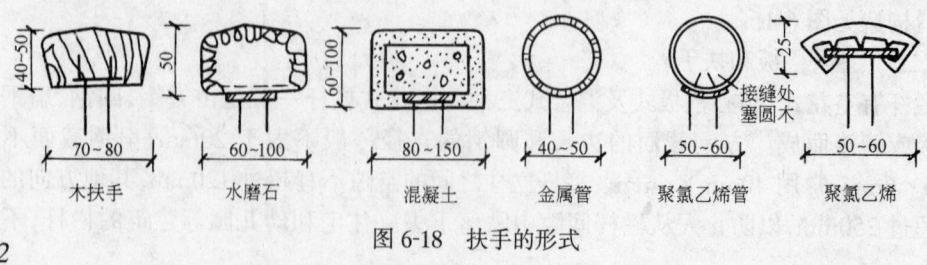

图 6-18 扶手的形式

第四节 台阶与坡道

台阶与坡道是设在建筑出入口处联系室内外高差的辅助配件。在民用建筑中,通常设置台阶,当有车辆通行或有特殊要求时,才设置坡道,如工业厂房、幼儿园等。另外,台阶与坡道还对建筑物立面起一定的装饰作用,因而设计时既要考虑实用,还要注意美观。

一、台阶与坡道的形式

台阶由平台和踏步组成。其形式有单面踏步式、三面踏步式等。平台每侧应比门宽出500mm左右,平台的宽度一般为 1000～1500mm。台阶坡度较楼梯平缓,踏步高一般为100～150mm,踏面宽一般为 300～400mm。当台阶的高度超过 1m 时,宜有护栏设施。

坡道的形式有单面坡道和三面坡道,坡道的坡度一般为 1/10～1/8。大型公共建筑常采用台阶与坡道相结合的形式。台阶与坡道的形式见图6-19。

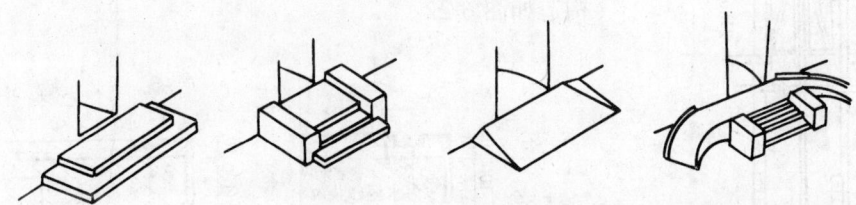

图 6-19 台阶与坡道的形式

二、台阶与坡道的构造

台阶和坡道的构造与地坪构造相似,由面层、垫层和基层组成。面层可采用与地面面层相同的材料,如水泥砂浆、水磨石、缸砖及天然石板等。垫层应采用抗冻、抗水性能好且质地坚硬的材料,常用的有混凝土、钢筋混凝土、石块等。北方冰冻地区,应在混凝土垫层下面做砂垫层,以防止台阶由于土壤结冻而胀裂。台阶和坡道的构造见图6-20。

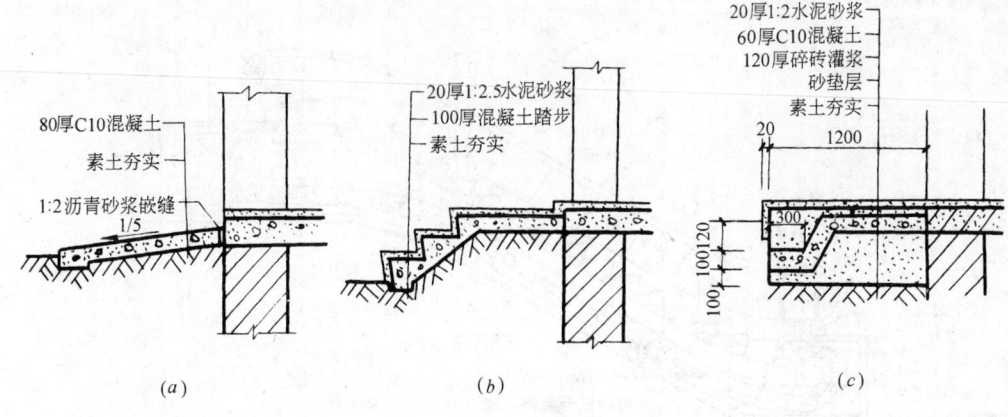

图 6-20 台阶与坡道的构造
(a)坡道构造;(b)不带冻胀层台阶构造;(c)带冻胀层台阶构造

第五节 电梯与自动扶梯

一、电梯

电梯由轿厢、电梯井道、运载设备等三部分组成。轿厢是由电梯厂生产的设备,其规格依额定起重量不同而异。一般乘客电梯分为 500、750、1000、1500、2000kg 五种;载货电梯分为 500、1000、2000、3000、5000kg 五种。电梯箱门的开启方式有:中分推拉门、中分双扇推拉门、双扇推拉门等多种。

电梯井道是电梯运行的通道,井道内包括出入口、电梯轿厢、导轨、导轨撑架、平衡重及缓冲器等。图 6-21 是电梯井道内部构成示意图。电梯井道可用砖砌,但一般为钢筋混凝土结构,井道各层出入口(即电梯间厅门)处的地面应向井道内挑一牛腿,牛腿一般为现浇或预制钢筋混凝土构件,其构造如图 6-22。

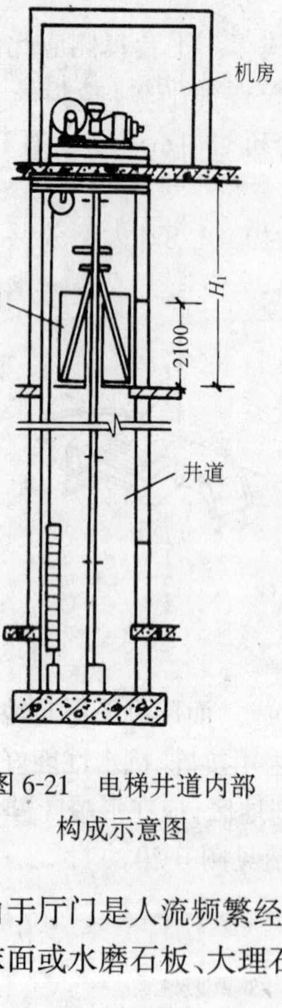

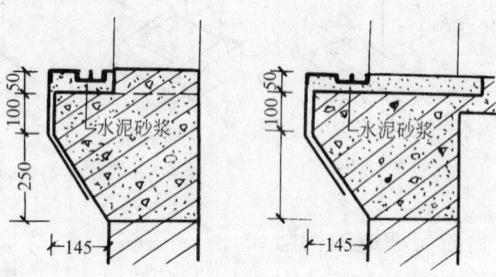

图 6-21 电梯井道内部
构成示意图

图 6-22 厅门牛腿构造

由于厅门是人流频繁经过的地方,故既要坚固实用,又要满足美观要求,一般采用水泥砂浆抹面或水磨石板、大理石板、硬木板、金属板贴面等。

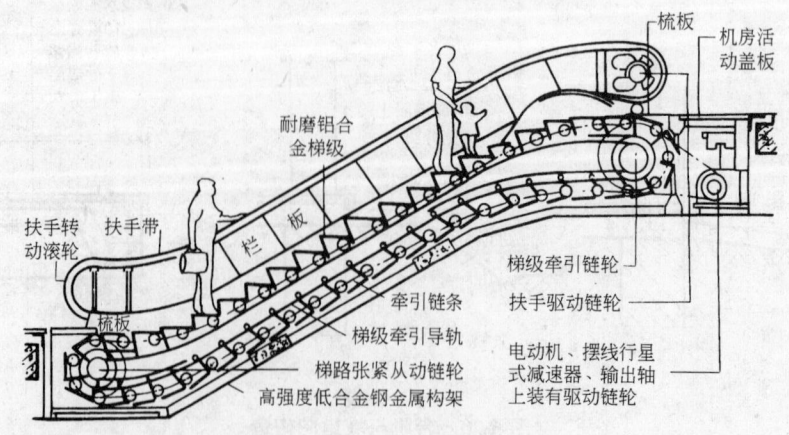

图 6-23 自动扶梯示意图

二、自动扶梯

自动扶梯由电动机械牵动,梯级踏步连同扶手同步正逆运行,既可上升又可下降,机房设在地面以下。自动扶梯的坡度一般为 30°。自动扶梯的栏板分为全透明型、透明型、半透明型、不透明型四种。前三种内装照明灯具,不透明型利用室内的照明。图 6-23 是自动扶梯的示意图。

复 习 思 考 题

1. 楼梯是由哪些部分所组成的? 各部分的作用是什么?

2. 常见的楼梯有哪几种形式?

3. 为什么平台的宽度不得小于楼梯段的宽度?

4. 踏步高与踏步宽和行人步距的关系如何?

5. 楼梯的净空尺寸有哪些规定?

6. 现浇钢筋混凝土楼梯有几种形式? 各有什么特点?

7. 中小型预制装配式楼梯有哪些形式?

8. 楼梯踏步防滑处理有哪些构造做法? 并读懂 6-15 图。

9. 扶手与栏杆的连接构造方式有哪些?

10. 读懂图 6-17 栏杆与踏步连接构造图。

11. 台阶与坡道的形式有哪些? 并读懂 6-20 台阶与坡道构造图。

第七章 屋 顶

第一节 屋顶的作用、组成、类型和防水等级

一、屋顶的作用和要求

屋顶是顶层房屋起覆盖作用的外围护构件,用以抵抗风雨雪的侵蚀及日晒或寒冷的影响。屋顶支承在墙上,除承担自重外,还要承担风、雨、雪及检修屋面时的活荷载,因此,屋顶的构造无论是简是繁都应合理解决承重、防水排水、保温或隔热三方面的问题。同时还应做到自重轻、构造简单、施工方便和经济合理等。

二、屋顶的基本组成

屋顶通常由以下四部分组成:

(一)屋面

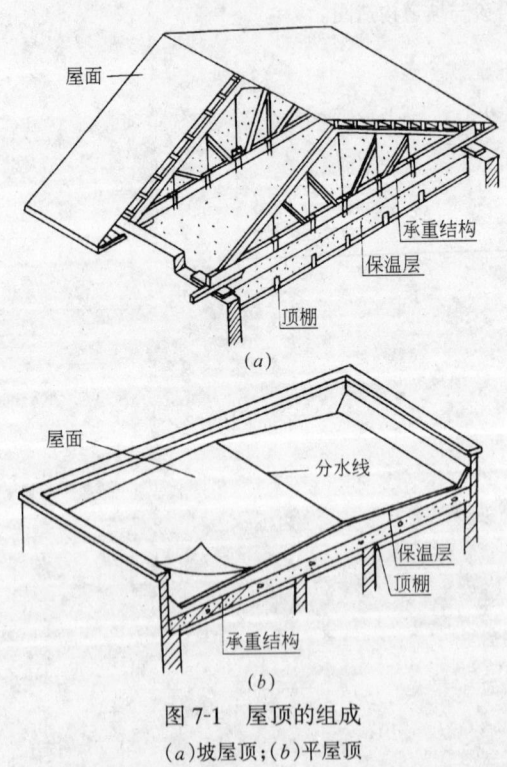

屋面是屋顶的面层,屋面的材料应具有防水和耐自然侵蚀的性能,并具有一定的强度。

(二)屋顶的承重结构

屋顶的承重结构按材料分有木结构、钢筋混凝土结构、钢结构等。承重结构应承受屋面所受的自重、活荷载和其他加于屋面的荷载,并将它们传给墙或柱。

(三)保温、隔热层

由于一般屋面材料及承重结构的保温或隔热性能较差,故在寒冷地区须加设保温层,炎热地区加设隔热层。

(四)顶棚

顶棚是房屋的顶面,又称天棚。当承重结构为板式或梁板式结构时,可以做直接抹灰式顶棚。当承重结构为屋架或要求顶棚梁板不外露时,则采用吊顶棚。顶棚的组成见图7-1。

图 7-1 屋顶的组成
(a)坡屋顶;(b)平屋顶

三、屋顶的类型

由于不同的屋面材料和不同的承重结构形式,形成了多种屋面类型,一般可归纳为三大类:即平屋顶、坡屋顶、曲面屋顶,见图7-2。

(一)平屋顶

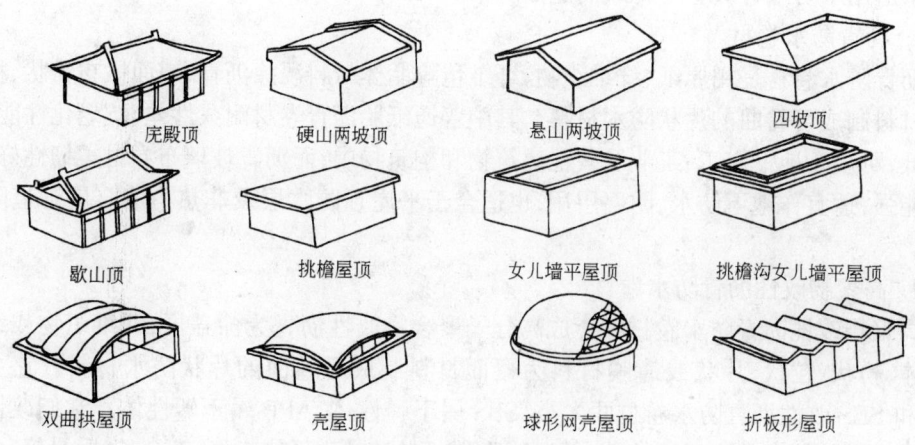

图 7-2　屋顶的类型

一般用现浇或预制钢筋混凝土结构作为承重结构,屋面采用防水性能好的防水材料,平屋顶的坡度较小,约在 3% 左右,结构找坡宜为 3%,材料找坡宜为 2%。

（二）坡屋顶

一般多采用屋架作为承重结构,上放檩条及各种屋面面层。坡屋顶的形式很多,有单坡、双坡、四坡、歇山等。坡屋顶的坡度较陡,一般在 10% 以上。

（三）曲面屋顶

常用于大跨度的建筑。曲面屋顶是由各种薄壁结构或悬索结构所形成,有筒形、球形、双曲面等形式。这种结构形式内力合理,能充分发挥材料的力学性能。

四、屋面的防水等级

屋面工程根据建筑物的性质、重要程度、使用功能要求以及防水耐用年限等,将屋面防水分为四个等级,见表 7-1。

屋 面 防 水 等 级　　　　　　　　　　　　　　　　表 7-1

项　目	屋 面 防 水 等 级			
	Ⅰ	Ⅱ	Ⅲ	Ⅳ
建筑物类别	特别重要的民用建筑和对防水有特殊要求的工业建筑	重要的工业与民用建筑、高层建筑	一般的工业与民用建筑	非永久性的建筑
防水层的耐用年限	25 年	15 年	10 年	5 年

第二节　屋顶的防水与排水

一、屋顶的防水

平屋顶的防水按防水方式分为卷材防水、涂膜防水和刚性防水等。

（一）防水卷材

此类防水材料有沥青防水卷材、高聚物改性沥青防水卷材、合成高分子防水卷材等。卷材防水适用于防水等级Ⅰ～Ⅳ级的屋面防水。

1. 沥青防水卷材

沥青防水卷材是用原纸、纤维织物、纤维毡等胎体材料浸涂沥青,表面撒布粉状、粒状或片状材料制成可卷曲的片状防水材料。其中普通纸胎沥青卷材耐久性差,抗老化性能差,但造价低,可用于地下水工、工业及其他建筑物和构筑物中;而沥青玻璃布卷材柔韧性好,耐腐蚀性能强,适宜作地下防水、防腐层用,也适合于平屋顶防水层及非热力的金属管道防腐保护层。

2. 高聚物改性沥青防水卷材

高聚物改性沥青防水卷材以合成高分子聚合物改性沥青为涂盖层,纤维织物或纤维毡为胎体,粉状、粒状、片状或薄膜材料为覆面材料制成可卷曲的片状防水材料。它主要有APP和SBS改性沥青防水卷材两大类,SBS属于弹性体,APP属于塑性体。它们改性的沥青防水卷材的特点是高温不流淌、低温不脆裂、耐候性好、延伸率好、寿命长、重量轻、施工方便,广泛用于屋面及地下防水工程。但APP改性的沥青防水卷材低温柔韧性不如SBS改性的沥青防水卷材,因此,前者最好用于长江以南地区,而后者最好用于北方地区。

3. 合成高分子防水卷材

合成高分子防水卷材是以合成橡胶、合成树脂或两者的共混体为基料,加入适量的化学助剂和填充料等,经不同工序加工而成可卷曲的片状防水卷材。此类卷材与传统的沥青防水卷材相比具有防水性能优异、耐候性好、耐化学腐蚀性强、弹性和抗拉强度高、对基层材料的伸缩或开裂变形适应性强、重量轻、使用年限长（30～50年）、使用温度范围宽（-60～120℃）、可以冷施工、施工成本较低等优点。所以,适用于屋面工程作单层外露防水,以及有保护层的屋面、厨房、厕所、地下室、储水池等工程的防水。

(二) 涂膜防水

涂膜防水的防水涂料有沥青基防水涂料、高聚物改性沥青防水涂料和合成高分子防水涂料等,涂膜防水主要用于防水等级为Ⅲ级、Ⅳ级的屋面防水,也可用作Ⅰ级、Ⅱ级屋面多道防水中的一道防水层。

此类防水材料成膜后具有较高的弹性和延伸能力,对基层裂缝有较高的适应性,适用于地下室、浴室、卫生间地面以及工业与民用建筑中有保护层屋面的防水工程。

(三) 屋面密封材料

密封材料,亦称嵌缝材料。常用的有改性沥青和合成高分子密封材料,俗称密封膏或嵌缝膏,将其填于板缝或涂布于屋面,可防水、防尘和隔汽,并具有良好的黏附性、强度、耐老化性和温度适应性,能长期经受被黏附构件的收缩与振动而不破坏,同时也可用于混凝土裂缝的修补。

(四) 刚性防水屋面,是指用防水砂浆或密实混凝土为防水层的屋面。为提高防水效果,可掺入防水剂或泡沫剂。其主要特点是构造简单、施工方便、造价低,但容易开裂;尤其在气候变化剧烈,屋面基层变形较大的情况下更是如此。所以这种防水屋面多用于南方地区。

二、屋顶的排水

(一) 屋顶排水坡度的形成

1. 材料找坡

屋面板水平搁置,屋面坡度由铺在屋面板上的厚度有变化的找坡层形成。一般用于宽度较小的屋面。找坡层的材料应用造价低的轻质材料,如水泥炉渣、石灰炉渣等。

2. 结构找坡

屋面板倾斜搁置形成坡度。由于不需另设找坡层,因而减轻了屋顶的荷载,施工方便,多用于工业建筑及有吊顶的民用建筑。

(二) 排水方式

屋面的排水方式分为无组织排水和有组织排水两类。

1. 无组织排水

无组织排水是指雨水经屋檐自由下落的排水方式,也称自由落水。无组织排水的檐口应设挑檐,以防屋面下落雨水冲刷墙面。

2. 有组织排水

当建筑较高或年降雨较大时,应采用有组织排水。有组织排水是用天沟将雨水汇集后,经天沟底部1%的坡度将雨水导向雨水口,然后经雨水管排到室外地面或地下水系统。有组织排水分为外排水和内排水两种方式。

(1) 外排水

外排水是指雨水管装在室外的一种排水方式,外排水方式有挑檐沟外排水、女儿墙外排水、女儿墙挑檐沟外排水等。

(2) 内排水

内排水多用于高层建筑、多跨房屋及寒冷地区的房屋。屋顶的排水方式见图7-3。

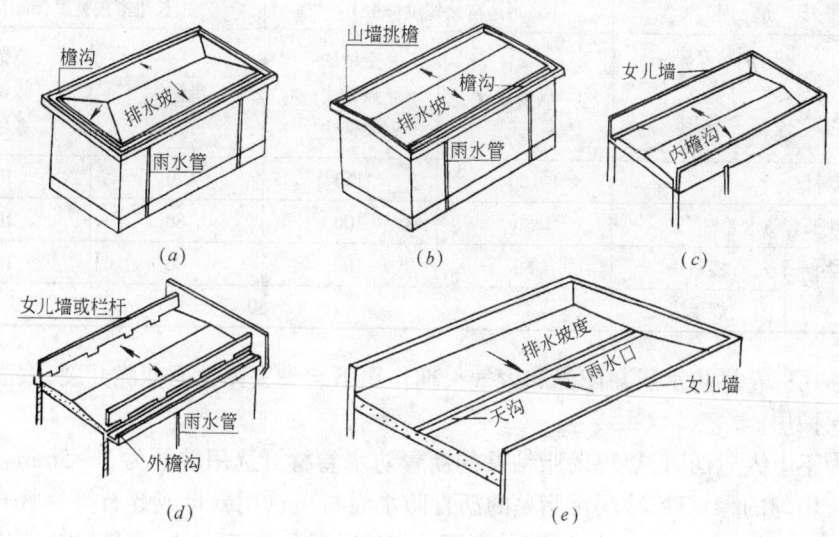

图 7-3 平屋顶的排水方式

(a)四坡屋面挑檐沟外排水;(b)二坡屋面挑檐沟外排水;(c)女儿墙外排水;
(d)女儿墙挑檐沟外排水;(e)内排水

3. 雨水管

雨水管依材料分为塑料、铸铁、镀锌铁皮等几种,其直径有 50、75、100、125、200(mm)等几种规格,民用建筑常用 75～100mm。雨水管的实践间距为 10～15m。

第三节　平屋顶的构造

一、柔性防水屋面的构造

柔性防水屋面指以卷材为防水层的屋面。

（一）柔性防水屋面的构造组成

柔性防水屋面的构造组成从下至上有：

1. 结构层：是屋顶的承重结构，一般采用现浇或预制钢筋混凝土屋面板。

2. 找平层：为了保证卷材基层表面的平整度，一般在结构层或保温层上作 1:3 水泥砂浆找平层，找平层的厚度为 15～30mm。为防止找平层变形开裂波及到卷材防水层，宜在找平层上设置分格缝。分格缝的间距不宜大于 6m，缝宽一般为 20mm。

3. 结合层：由于砂浆找平层表面存在因水分蒸发形成的孔隙和小颗粒粉尘，很难使沥青与找平层粘结牢固，所以需要在找平层上刷一层冷底子油结合层。冷底子油用沥青加入柴油或汽油等溶剂稀释而成，配制时不用加热，在常温下进行，故称冷底子油。

4. 防水层：防水层的材料有沥青防水卷材、高聚物改性沥青防水卷材、合成高分子防水卷材等。卷材铺设应采用搭接的方法，上下层及相邻两幅卷材的搭接接缝应错开。平行于屋脊的搭接缝应顺水流方向搭接；垂直于屋脊的搭接缝应顺最大频率风向搭接。各层卷材的搭接长度应满足表 7-2。

卷 材 搭 接 宽 度　　　　　　　　　　表 7-2

搭接方向 铺贴方法 卷材种类	短边搭接宽度(mm)		长边搭接宽度(mm)	
	满铺法	空铺法 点铺法 条铺法	满铺法	空铺法 点铺法 条铺法
沥青防水卷材	100	150	70	100
高聚物改性沥青防水卷材	80	100	80	100
合成高分子防水卷材　粘贴法	80	100	80	100
焊接法	50			

5. 保护层：卷材防水层在阳光和大气长期作用下会失去弹性而变脆开裂，故需在防水层上设置保护层。

屋面为不上人屋面时，热玛琋脂粘贴的沥青防水卷材可选用粒径为 3～5mm、色浅、耐风化和颗粒均匀的绿豆砂；冷玛琋脂贴的沥青防水卷材可选用云母或蛭石等片状材料。有的地区试用铝银粉为保护层，其具有反射太阳辐射性能好、施工方便、重量轻及造价低等优点。

上人屋面保护层，可以在防水层上浇筑 30～40mm 厚的细石混凝土面层，每隔 2m 设一道分格缝，见图 7-4a。也可铺设预制 C20 的细石混凝土板（400mm×400mm×30mm），用 1:3 水泥砂浆为结合层。见图 7-4b。为了防止块材或整体面层由于温度变形将卷材防水层拉裂，应在保护层和防水层之间设置隔离层。隔离层可采用低强度砂浆或干铺一层卷材。

（二）柔性防水屋面的细部构造

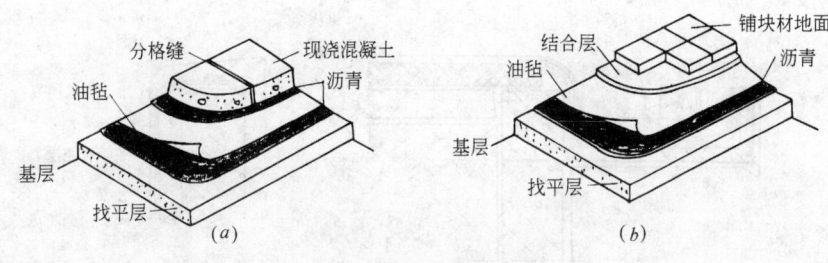

图 7-4　上人屋面保护层作法
(a)现浇混凝土面层;(b)预制板材面层

柔性防水屋面构造除应作好大面积防水外,还应按照 GB 50207—94《屋面工程技术规范》的要求,特别注意屋面各节点部位的构造处理,如屋面防水层与垂直墙面相交处的泛水、屋面檐口、雨水口、变形缝和伸出屋面的管道、烟囱、屋面检查口等与屋面防水层的交接处的构造,这些部位是防水层切断处或防水层的边缘,是屋面防水层最容易处理不当的部位。

1.泛水:屋面防水层与垂直墙面相交处的构造处理称泛水,如女儿墙、出屋面水箱、出屋面的楼梯间等与屋面的相交部位,均应作泛水。泛水与屋面相交处的找平层应作成圆弧 (沥青防水卷材 $R=100\sim150$mm、高聚物改性沥青防水卷材 $R=50$mm、$R=20$mm),防止卷材由于直角铺设而折断。为加强泛水处的防水能力,泛水处应加铺一层卷材。卷材在垂直墙面上的粘贴高度应≥250mm,通常为 300mm。为防止卷材与墙面脱离,卷材上部应收头,砖墙泛水构造见图 7-5a,钢筋混凝土墙泛水构造见图 7-5b。

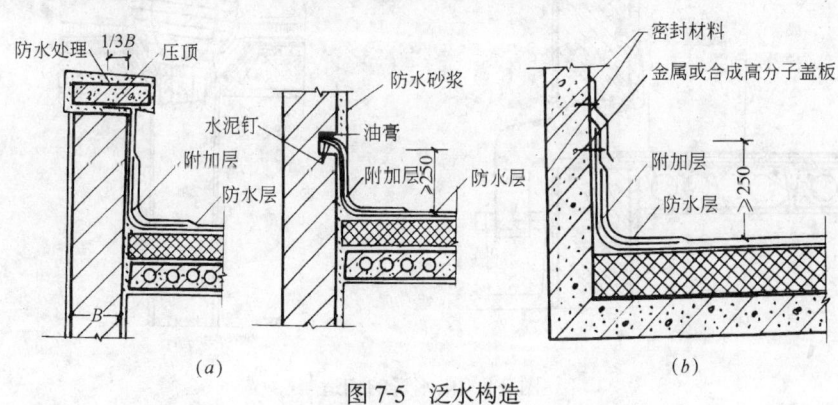

图 7-5　泛水构造
(a)砖墙泛水构造;(b)钢筋混凝土墙泛水

2.檐口:包括自由落水檐口、挑檐沟檐口、女儿墙内檐沟檐口等。

(1)自由落水檐口一般采用现浇或预制钢筋混凝土挑檐,卷材在檐口 800mm 范围内应采用满贴法,卷材端部收头应固定密封。自由落水檐口构造见图 7-6。

(2)挑檐沟檐口:挑檐沟檐口一般采用现浇或预制钢筋混凝土挑檐沟挑出。檐沟内应加铺 1~2 层卷材,檐沟与屋面交接处的加铺卷材宜空铺,空铺宽度应为 200mm。卷材在檐沟端部应收头。挑檐沟檐口构造见图 7-7。

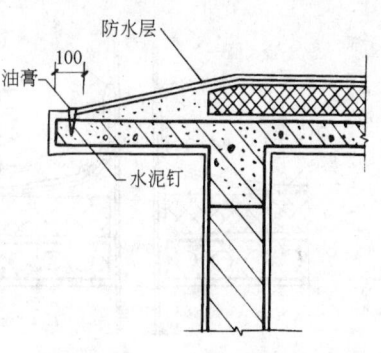

图 7-6　自由落水檐口构造

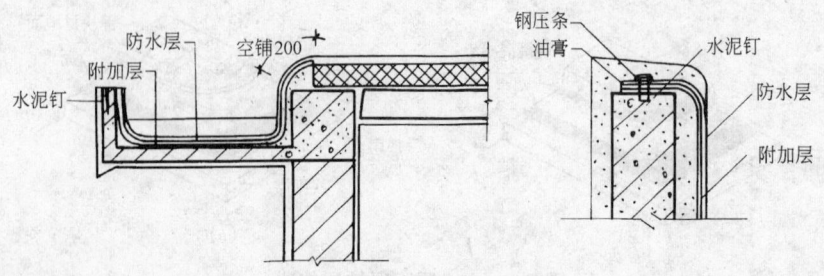

图 7-7　挑檐沟檐口构造

（3）女儿墙檐口：一般采用轻质材料作成三角形的自然天沟。

3. 雨水口：有组织排水的雨水口有设在檐沟底部的水平雨水口和设在女儿墙上的垂直雨水口两种。水落口杯的材料有铸铁和塑料两种。水落口周围500mm范围内坡度不应小于5%，并用防水涂料或密封材料涂封。为防止渗漏，雨水口处应加铺一层卷材并铺至落水口杯内并用油膏嵌缝。水落口杯与基层相接处应留宽20mm、深20mm的凹槽，嵌填密封材料。雨水口构造见图7-8。

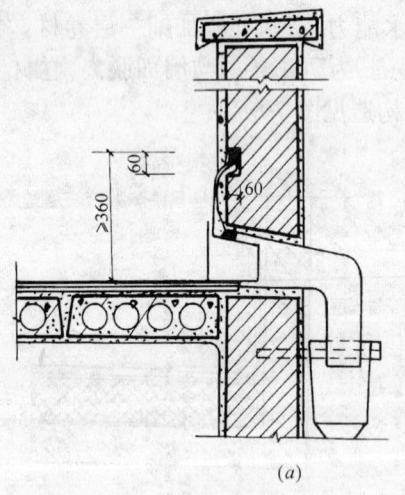

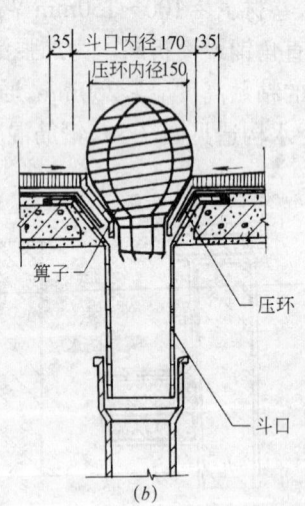

图 7-8　雨水口的构造

（a）垂直雨水口；（b）水平雨水口

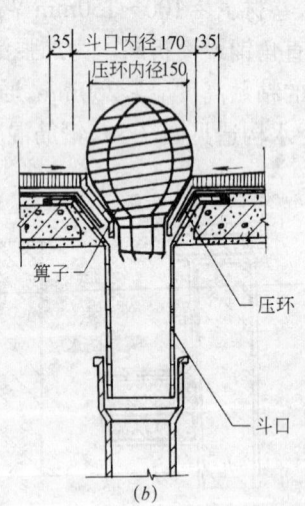

图 7-9　管道出屋面构造

4. 管道出屋面的构造：伸出屋面管道周围的找平层应作成圆锥台，管道与找平层之间应留凹槽，并嵌填密封材料，防水层卷材卷起高度不应小于250mm。防水层收头处应用金属箍箍紧，并用密封材料密封。其构造见图7-9。

5. 屋面出入口的构造：卷材防水层的收头应压在混凝土压顶圈下，见图7-10。

二、刚性防水屋面

（一）刚性防水屋面的构造组成

刚性防水屋面的构造组成从上至下有：

1. 防水层:刚性防水屋面常采用不低于
C20 细石混凝土整浇防水层,其厚度不应小
于 40mm。为防止混凝土收缩时产生裂缝,
应在混凝土中配置直径为 $\phi4\sim\phi6$mm,间距
为 $100\sim200$mm 的双向钢筋网片。钢筋网片
在分格缝处应断开,其保护层的厚度应不小
于 10mm。

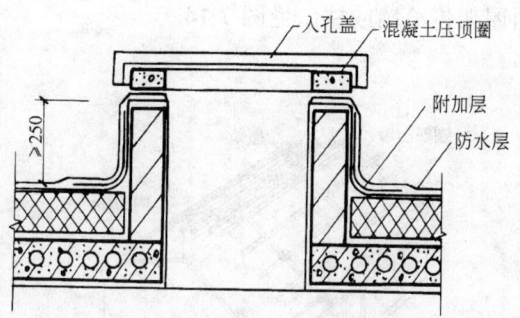

图 7-10　屋面出入口构造

为了防止因温度变化产生的裂缝无规律
的扩展,通常在防水层中设置分格(仓)缝。
分格缝的位置应设在结构层的支座处、屋面
转折处、防水层与突出屋面结构的交接处,其纵横间距不宜大于 6m。分格缝的宽度为
20mm 左右,缝口用油膏嵌 $20\sim30$mm 深,缝内填沥青麻丝。为防止嵌缝油膏老化,常用卷
材覆盖分格缝。纵向分格缝采用平缝,横向分格缝采用凸出表面 $30\sim40$mm 的凸缝。

2. 隔离层:刚性防水层受温度变化热胀冷缩,如与结构层作成整体则受结构层约束,从
而产生约束应力导致防水层开裂,所以应在结构层和防水层之间设置隔离层。隔离层可采
用纸筋灰、干铺卷材、低强度等级砂浆等。

3. 找平层:当结构层采用预制钢筋混凝土屋面板时,应作 20mm 厚 1:3 水泥砂浆找平
层;当采用现浇钢筋混凝土屋面板时,可不设找平层。

4. 结构层:一般采用现浇或预制钢筋混凝土屋面板。

刚性防水屋面的构造见图 7-11。分格缝的构造见图 7-12。

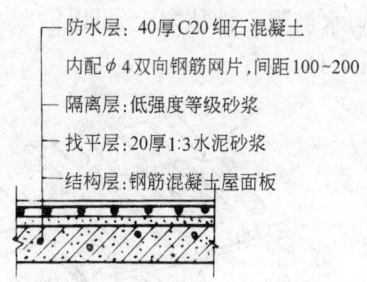

图 7-11　刚性防水屋面的构造

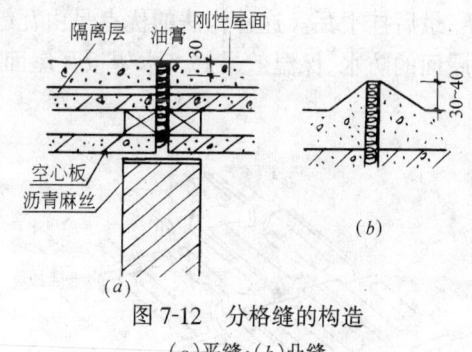

图 7-12　分格缝的构造
(a)平缝;(b)凸缝

第四节　坡屋顶的构造

坡屋顶以承重结构类型不同分为硬山搁檩、屋架承重和钢筋混凝土屋面板承重。

一、硬山搁檩

硬山搁檩是把横墙上部砌成三角形,直接搁置檩条以支撑屋顶荷载,一般用于小开间的
房屋。见图 7-13。

二、屋架承重

当房屋开间较大时则选用屋架承重,屋面上的荷载通过望板、檩条等构件传给屋架,再

由屋架传给墙或柱。见图 7-14。

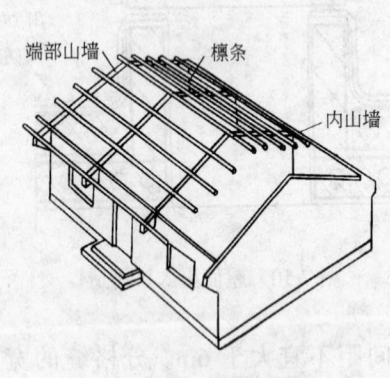
图 7-13　硬山搁檩

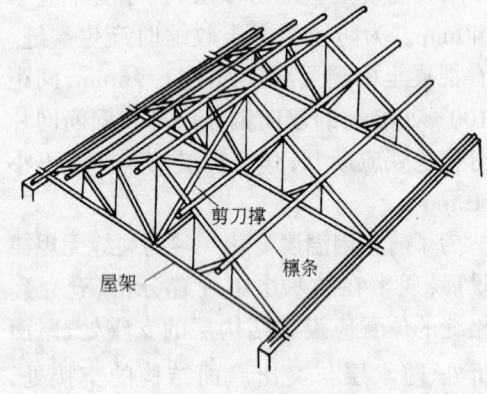
图 7-14　屋架承重

硬山搁檩和屋架承重的防水层有平瓦、小青瓦和波形瓦等。

（一）平瓦屋面

平瓦屋面所用的瓦材有黏土平瓦及水泥平瓦两种。

1. 平瓦屋面的作法

（1）冷摊瓦屋面，是直接在椽条上钉挂瓦条，见图 7-15。这种作法构造简单，但雨雪易从瓦缝中飘入室内。

（2）木望板瓦屋面，是在屋架上或砖墙上设檩条，在檩条上钉望板，并平行屋脊干铺一层油毡，在油毡上面垂直于屋脊方向钉顺水条，间距 400～500mm，然后垂直于顺水条钉挂瓦条，最后挂平瓦。这种作法的优点是由瓦缝渗漏的雨水被阻于油毡之上，可以沿顺水条排除，屋面的防水、保温效果好。木望板瓦屋面构造见图 7-16。

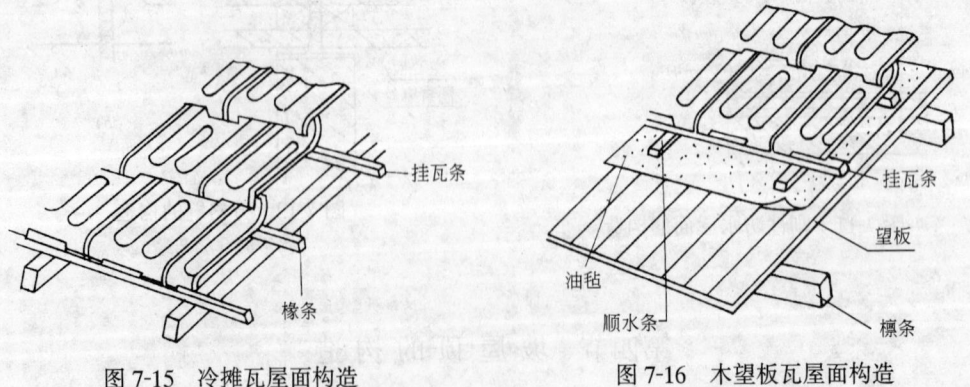
图 7-15　冷摊瓦屋面构造　　　　　图 7-16　木望板瓦屋面构造

（二）小青瓦屋面

小青瓦一般是在木望板或苇箔、荆笆上铺泥灰，泥灰上面铺瓦。瓦的铺设方式有俯仰瓦（俯瓦与仰瓦间隔成行铺盖）和仰瓦（只有成行的仰瓦而无俯瓦）两种。在铺俯仰瓦时，上下瓦的搭接长度一般为小青瓦长度的三分之二，俗称一搭三。

（三）波形瓦屋面

波形瓦包括石棉水泥波形瓦、木质纤维波形瓦、钢丝网水泥波形瓦、镀锌瓦楞铁皮、玻璃钢波形瓦等。波形瓦的特点是自重轻、强度高、尺寸大、接缝少、防漏性能好等。波形瓦可直接用瓦钉钉铺或用钩子挂铺在檩条上。上下搭接至少100mm,左右应顺主导风搭接,搭接宽度至少一个半瓦垄。瓦钉的钉固孔位应在瓦的波峰处,并应加设铁垫圈、毡垫等。见图7-17。

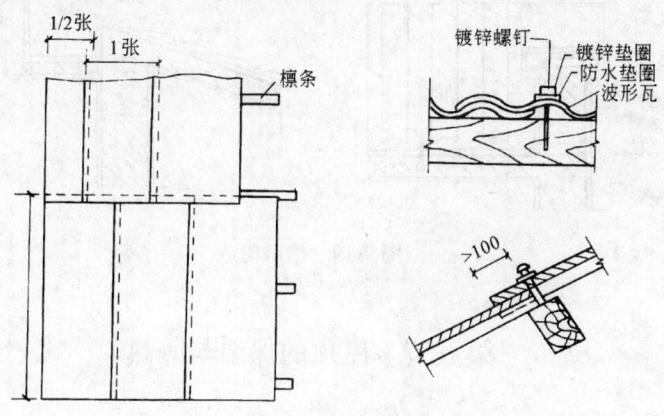

图 7-17　波形瓦屋面构造

三、钢筋混凝土屋面板承重

钢筋混凝土屋面板承重是在现浇钢筋混凝土屋面板上铺设各种瓦材而形成的一种新型的坡屋顶。与传统坡屋顶相比它具有整体性能好、抗震性能好、防水性能好、外形美观等优点。这种坡屋顶常用的瓦材有中式琉璃瓦、筒板瓦、日本瓦、西班牙瓦、英式瓦、波形装饰瓦、油毡瓦等。

中式琉璃瓦、日本瓦、西班牙瓦、英式瓦与屋面板的连接方式有砂浆坐铺、钉钢钉和铜线绑扎三种,见图7-18。筒板瓦和波形装饰瓦与屋面板用砂浆坐铺连接。油毡瓦用钉子加沥青胶粘贴。

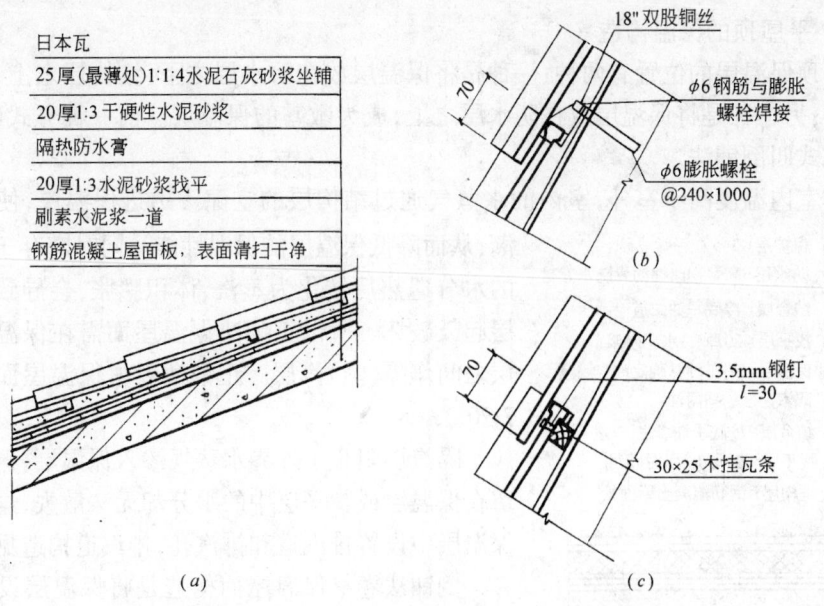

图 7-18　中式琉璃瓦、日本瓦、西班牙瓦、英式瓦与屋面板的连接方式
(a)砂浆坐铺;(b)铜线绑扎;(c)钉钢钉

图 7-19 是钢筋混凝土屋面板承重坡屋顶檐口构造图。

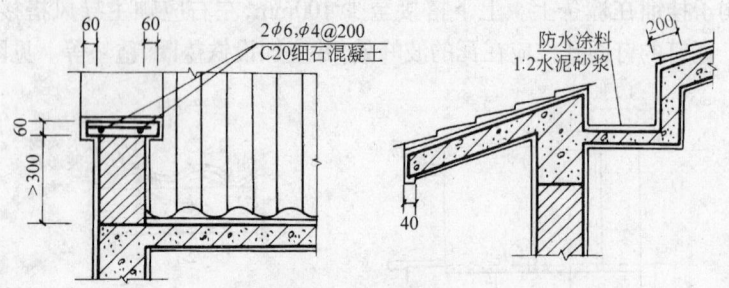

图 7-19　檐口构造

第五节　屋顶的保温与隔热

一、平屋顶的保温

北方地区,为避免冬季室内的热量通过屋顶向室外散失,屋顶应设置保温层。

（一）保温材料的类型

保温材料必须是空隙多、表观密度小、导热系数小的材料。按施工方式不同可分为三类:

1. 松散保温材料:有膨胀珍珠岩、膨胀蛭石、炉渣（粒经为 5～40mm）、矿棉等。

2. 整体保温材料:沥青膨胀珍珠岩、沥青膨胀蛭石、水泥膨胀珍珠岩、水泥膨胀蛭石、水泥炉渣等。

3. 板状保温材料:加气混凝土板、泡沫混凝土板、膨胀珍珠岩板、膨胀蛭石板、矿棉板、泡沫塑料板等。

（二）平屋顶的保温构造

平屋顶保温层的位置有两种:一种是将保温层放在防水层之下,结构层之上,成为封闭的保温层;另一种是将保温层放在防水层之上,成为敞露的保温层。前一种方式叫正铺法,后一种方式叫倒铺法。

冬季室内温度高于室外,室内的水蒸气通过结构层的空隙渗透进保温层,使保温层受潮,从而降低保温层的保温性能。同时窝存于保温层中的水分遇热后转化为蒸汽,体积膨胀,会导致卷材防水层起鼓破坏。所以正铺法保温屋面需在保温层和结构层之间作隔（蒸）汽层。正铺法卷材保温屋面构造见图 7-20。

隔汽层阻止了外界水蒸气渗入保温层,但施工中残留在保温层或找平层中的水分却无法散失,这就需要在保温层中设置排汽道和排汽孔,排汽道构造见图 7-21。

倒铺法卷材保温屋面构造是将保温层设在防水层之上。倒铺屋面保温层采用憎水性的保温材料,如聚苯乙烯泡沫塑料板、聚氨酯泡沫塑料板等。保温层在防水

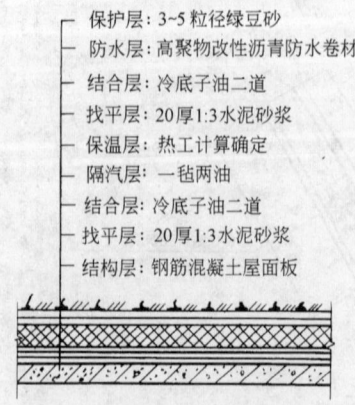

保护层:3~5 粒径绿豆砂
防水层:高聚物改性沥青防水卷材
结合层:冷底子油二道
找平层:20厚1:3水泥砂浆
保温层:热工计算确定
隔汽层:一毡两油
结合层:冷底子油二道
找平层:20厚1:3水泥砂浆
结构层:钢筋混凝土屋面板

图 7-20　正铺法卷材屋面的构造

层之上既保护了防水层,同时也提高了屋面的热工性能,节省能源。为避免下雨时保温层出现漂浮,倒铺屋面保温层上面应采用混凝土板、卵石等做保护层。由于这种屋面须使用高级保温材料,屋面造价很高,故一般用于比较高级的建筑。倒铺法卷材保温屋面见图7-22。

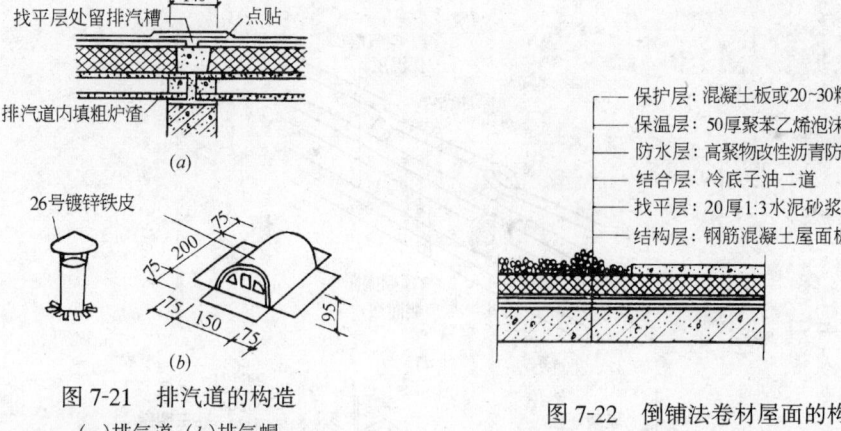

图 7-21 排汽道的构造
(a)排气道;(b)排气帽

图 7-22 倒铺法卷材屋面的构造

保护层:混凝土板或20~30粒径卵石层
保温层:50厚聚苯乙烯泡沫塑料板
防水层:高聚物改性沥青防水卷材
结合层:冷底子油二道
找平层:20厚1:3水泥砂浆
结构层:钢筋混凝土屋面板

二、平屋顶的隔热

南方地区,为避免夏季太阳辐射热从屋顶进入室内,对屋面需做隔热处理。

屋顶隔热降温的基本原理是减少太阳辐射热直接作用于屋顶表面。隔热的构造措施有:植被屋面、蓄水屋面、通风隔热屋面、反射降温隔热等四种方式,这里主要介绍常用的通风隔热屋面。

通风隔热屋面就是在屋顶中设置通风隔热间层,利用间层的空气流动不断地将热量带走,使下层屋面板传给室内的热量减少,达到隔热降温的目的。架空通风隔热层的高度与屋面的宽度和坡度成正比,一般架空通风隔热层的净空高度宜为 100～300mm。当屋面的宽度大于 10m 时,必须设置通风脊,以便增加风压来改善通风效果。另外,为保证有足够的通风口,架空通风隔热层与女儿墙之间应留不小于 250mm 距离。

通风层可以采用砖墩或砖垄墙支承大阶砖和预制拱形、三角形、槽形混凝土瓦。通风层的进风口宜设在夏季主导风的正压区,出风口宜设在负压区,这样空气对流速度快,散热效果好。平屋顶的通风降温隔热屋面构造见图7-23。

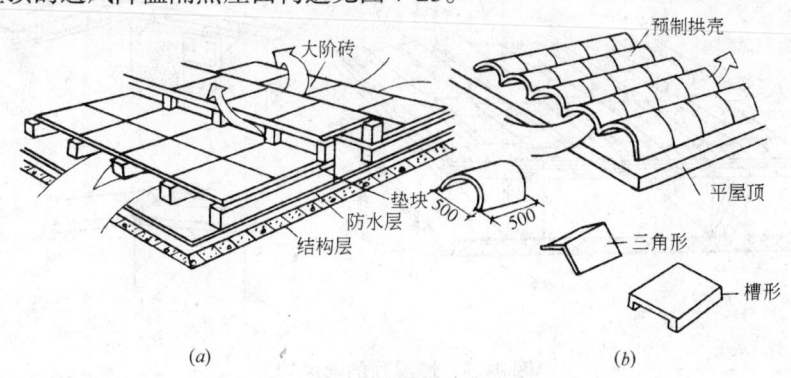

图 7-23 平屋顶通风降温隔热示意图
(a)大阶砖或预制混凝土板架空通风层;(b)预制配件通风层

三、坡屋顶的保温与隔热

（一）坡屋顶的保温：当屋顶有吊顶棚时，保温层应设在吊顶棚上。不设吊顶的屋顶，保温层设在屋面层中。保温材料多用膨胀珍珠岩、玻璃棉、矿棉、白灰锯末等，坡屋顶保温构造见图7-24。

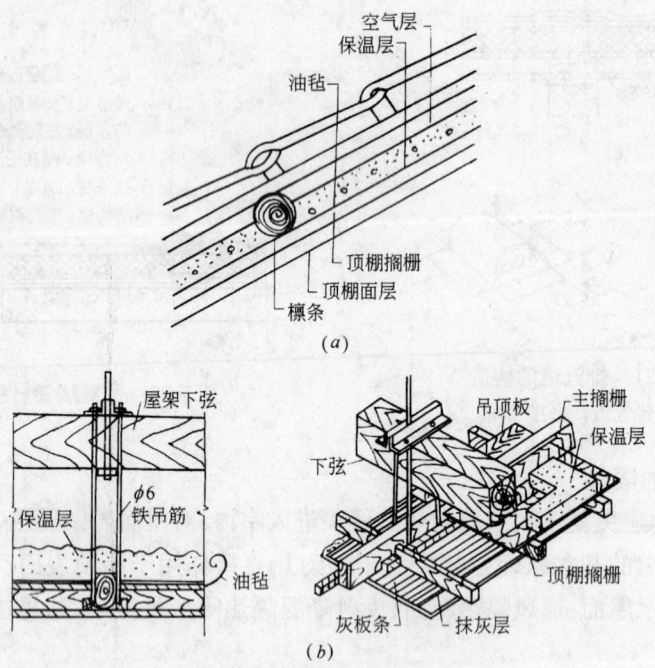

图7-24 坡屋面的保温构造

（a）保温层在屋面中；（b）保温层在顶棚上

（二）坡屋顶的通风隔热：屋面可设成双层屋面，屋檐设进风口，屋脊设出风口，利用空气流动带走间层中的一部分热量，从而达到通风降温的目的。另外当屋顶有顶棚时，可利用顶棚与屋面之间的空隙来通风，通风口一般设在檐口、屋脊、山墙等处，坡屋顶的通风构造见图7-25。

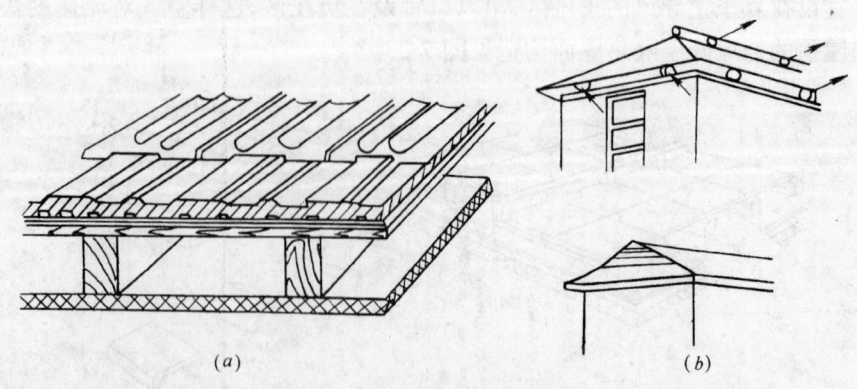

图7-25 坡屋顶的通风构造

（a）双层通风屋面；（b）顶棚通风屋面

复习思考题

1. 屋顶的设计要求有哪些?
2. 屋顶坡度的形成方法有哪些? 各有什么特点?
3. 什么是有组织排水? 什么是无组织排水?
4. 常见的有组织排水方案有哪些?
5. 画图说明非保温的卷材防水屋面的构造层次和做法。
6. 画图说明有保温层的卷材防水屋面的构造层次和做法。
7. 什么是泛水? 画图说明泛水有哪些构造要求?
8. 读懂檐口、天沟、雨水口、出屋面管道、屋面上人口的构造图。
9. 画图说明刚性防水屋面的层次和做法。
10. 为什么刚性防水屋面的防水层要设分仓缝?
11. 平瓦屋面的基层有哪些做法?
12. 平屋顶屋面的通风方式有哪些? 通风降温隔热层的材料有哪些? 高度如何确定?
13. 屋面的保温材料有哪几种?

第八章　变　形　缝

第一节　变形缝的类型与作用

一、变形缝的作用

房屋在使用的过程中,会受到外界各种因素的影响,这些影响会导致房屋不同程度的变形、开裂、甚至破坏。为了防止房屋的破坏,将房屋分成几个相对独立的部分,使各部分相互间能够独立地变形而互不影响。将房屋分成独立变形部分的缝隙,称为变形缝。

二、变形缝的分类

变形缝有伸缩缝、沉降缝和防震缝三种。

(一)伸缩缝

伸缩缝是指为防止房屋因温度影响产生破坏而设置的垂直缝隙。因此也叫温度缝。

房屋的构配件因温度的变化会发生热胀冷缩的变形,在建筑构配件的内部产生温度应力,当温度应力大到一定程度时,构件就会产生裂缝甚至于破坏。建筑物的长度越大,产生的变形也越大;建筑物的整体性越好,温度产生的应力也越大。在设置伸缩缝时,伸缩缝之间的间距与房屋的结构类型以及结构对变形的约束有关。对于北方采暖地区,屋面有无保温层也影响变形缝的间距。一般地说,装配式结构要比现浇结构间距大些;有保温层的比无保温层的间距大些;屋面为瓦材防水屋面时,因瓦材之间可自由伸缩,间距也可以大些。

比如,装配式无檩体系钢筋混凝土结构砌体房屋的伸缩缝最大间距,有保温层为 60m,无保温层为 50m;装配式有檩体系钢筋混凝土结构砌体房屋的伸缩缝最大间距,有保温层为 75m,无保温层为 60m。同样是钢筋混凝土框架结构的房屋,采用装配式为 75m,采用现浇式为 55m;钢筋混凝土剪力墙结构的房屋,采用装配式为 65m,采用现浇式为 45m。

因房屋的伸缩量不大,伸缩缝的宽度也不需太宽,一般在 20~30mm。

另外,由于埋在地下部分受到外界温度的影响较小,房屋的基础在变形缝处可以不断开。

(二)沉降缝

房屋发生不均匀沉降会使其某些薄弱部位产生裂缝,为避免不均匀沉降对房屋带来的不利影响,通过设置垂直的缝隙,把房屋划分为若干个沉降量基本一致、相互之间可以自由沉降的单元,这种缝隙就称为沉降缝。

沉降缝一般设置在房屋的层数、结构类型、上部荷载、平面形状、地基土质等有变化处。沉降缝的设置原则是:

1. 房屋的相邻部分高差较大(例如相差两层以及两层以上);
2. 房屋相邻部分的结构类型不同;
3. 房屋相邻部分的荷载差异较大;
4. 房屋的长度较大或平面形状复杂;

5. 房屋相邻部分的其中一侧设有地下室；

6. 房屋相邻部分建造在地基土的压缩性有显著差异处；

7. 分期建造房屋的交界处。

沉降缝的宽度与房屋的层数(即高度)及地基土的性质有关。与伸缩缝相比,沉降缝的宽度要宽些。一般地基土根据高度不同为 30~50mm;软弱地基可达 120mm。

必须注意的是,沉降缝与伸缩缝不同,沉降缝自上而下一直到基础都必须断开,而伸缩缝的基础可以不断开。所以,沉降缝可以兼做伸缩缝,而伸缩缝却不能兼做沉降缝。

(三) 防震缝

在地震地区,地震时会对房屋造成不同程度的破坏。为避免这种破坏,按照抗震要求,通过垂直缝隙把房屋划分为若干个形体简单、结构刚度均匀的独立单元,这种缝隙就称为防震缝(抗震缝)。

对于 8 度和 9 度抗震地区的多层砌体房屋,有下列情况之一宜设置防震缝:

1. 房屋立面高差在 6m 以上;

2. 房屋有错层,并且错层的楼板高差较大;

3. 房屋各部分结构刚度、质量截然不同。

多层砌体房屋防震缝的宽度可为 50~100mm。当伸缩缝或沉降缝兼作防震缝时,必须同时符合防震缝的要求。

对于钢筋混凝土房屋,宜首先选用合理的结构以及构造方案解决抗震问题。当不得不设置防震缝时,缝的宽度有如下要求:

框架结构房屋,房屋高度≯15m 时,缝宽可采用 70mm;房屋高度 15m 以上时,抗震设防烈度为 6 度、7 度、8 度、9 度相应地每增加高度 5m、4m、3m、2m,宜加宽 20mm。框架—抗震墙(剪力墙)结构房屋的抗震缝宽度可采用上列数值的 70%;抗震墙房屋的抗震缝宽度,可采用相应上列数值的 50%,且均不宜小于 70mm。

第二节 变 形 缝 的 构 造

从房屋使用的角度来说,不设置变形缝最为理想。当不得不设置变形缝时,就必须考虑变形缝对房屋的使用带来的不利影响。变形缝的构造处理必须考虑冷风的渗透、飘雨漏雨、保温隔热、室内外的美观等问题;同时,也不能因这些构造处理而影响变形缝的自由变形。

一、伸缩缝

(一) 墙体伸缩缝

墙体的伸缩缝可根据室内房间的划分情况,以做成双墙式热工性能为最佳。处于平直段墙体的伸缩缝,可根据墙体的厚度不同,砌成错口缝或企口缝的形式(见图 8-1)。缝内一般采取填充有一定弹性的纤维状保温材料(如沥青麻丝、玻璃棉毡等),以保证温度变化时墙体的自由伸缩。

墙体伸缩缝的内外两个表面,也应采取一定的构造措施。一般做法是:外墙钉"V"形盖缝镀锌铁皮,为方便抹灰镀锌铁皮外应加钉钢丝网;内墙钉盖缝木板。图 8-2 是伸缩缝内外表面的构造处理举例。

(二) 楼地面伸缩缝

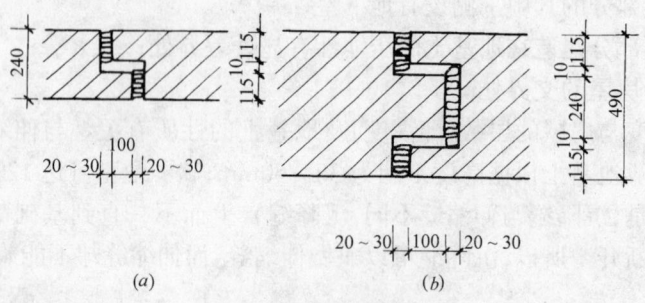

图 8-1　墙体伸缩缝的形式

(a)错口式；(b)企口式

　　与墙身上的伸缩缝相对应的楼地面处，也应做成伸缩缝的形式。在构造上既要保证楼地面的自由伸缩，又不能影响楼地面的正常使用和美观。

　　楼板层的伸缩缝，楼面处可根据两侧的地面材料用预制水磨石板、金属板、硬橡胶板、塑料板等板材盖缝；顶棚处采用木板（或塑料板）盖缝。图 8-3 是楼板层伸缩缝的构造处理。

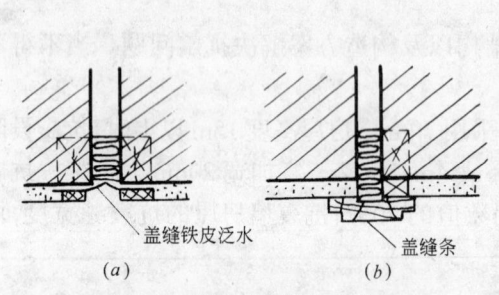

图 8-2　墙体伸缩缝的内外表面

(a)外墙面上的盖缝铁皮；(b)内墙面上的盖缝木板

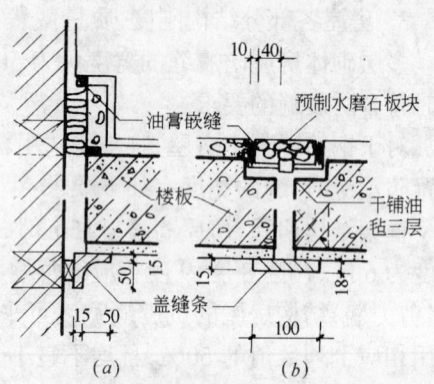

图 8-3　楼板层伸缩缝的构造

(a)楼板靠墙处变形缝；(b)楼板变形缝

　　底层地面变形缝的处理与楼地面相类似，缝内应填沥青麻丝，缝隙较小时可用沥青玛琋脂嵌缝。图 8-4 是底层地面伸缩缝的构造处理举例。

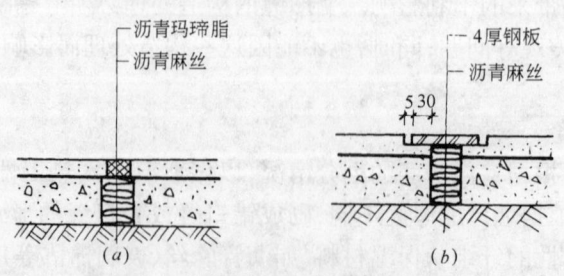

图 8-4　底层地面伸缩缝的构造

(a)玛琋脂嵌缝；(b)钢板盖缝

　　对于块料面层地面，只在刚性垫层中留设缝隙，面层可不专门留设伸缩缝。

　　（三）屋顶伸缩缝

　　屋顶伸缩缝根据所处的位置有两种情况，一种是缝隙两侧屋面标高相同，另一种是高低

92

跨处的伸缩缝。屋面的防水做法不同、是否上人屋面等都会影响屋面变形缝的构造,这里仅介绍卷材防水屋面的伸缩缝构造处理。

变形缝两侧屋面标高相同时,应砌不小于 250mm 高的泛水,缝内填泡沫塑料或沥青麻丝、玻璃棉毡等弹性保温材料,上部放衬垫材料并用卷材封盖,顶部加盖混凝土盖板或金属盖板(见图 8-5)。

高低跨处的变形缝,低跨屋面上应砌不小于 250mm 高的泛水,并采用能适应变形需要的密封处理(见图 8-6)。

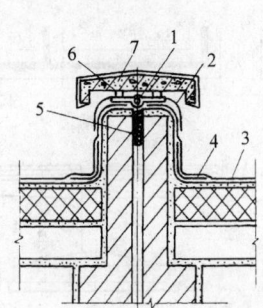 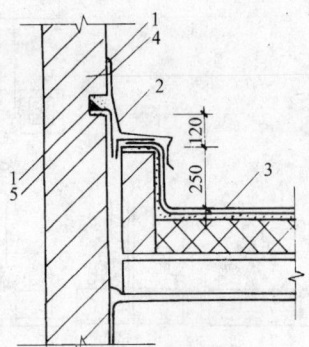

图 8-5　屋顶变形缝构造 1
1—衬垫材料;2—卷材缝盖;3—防水层;4—附加层;
5—沥青麻丝;6—水泥砂浆;7—混凝土盖板

图 8-6　屋顶变形缝构造 2
1—密封材料;2—金属或高分子盖板;3—防水层;
4—金属压条钉子固定;5—水泥钉

二、沉降缝

沉降缝的构造与伸缩缝基本相同,沉降缝一般可兼做伸缩缝。当伸缩缝与沉降缝合而为一时,盖缝金属板必须保证在水平方向和垂直方向都能够自由变形。图 8-7 为墙体沉降缝的构造。

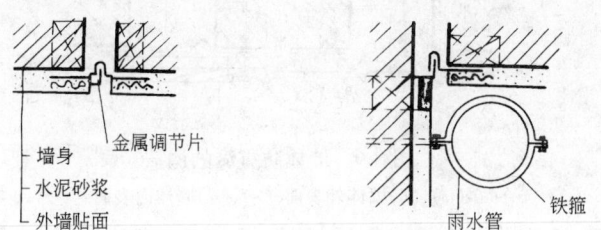

图 8-7　墙体沉降缝的构造

沉降缝处的基础也必须是断开的。常见的沉降缝处的基础处理方案有双墙式、交叉式和悬挑式三种(见图 8-8)。

三、防震缝

防震缝的基础可以不断开,上部结构必须彻底断开,缝宽必须保证,以保证在地震波的作用下,缝的两侧不至于因碰撞而造成破坏。

防震缝的构造与伸缩缝以及沉降缝基本相同,但它的缝宽较大,盖缝板的处理略有不同。图 8-9 是墙体防震缝的构造。

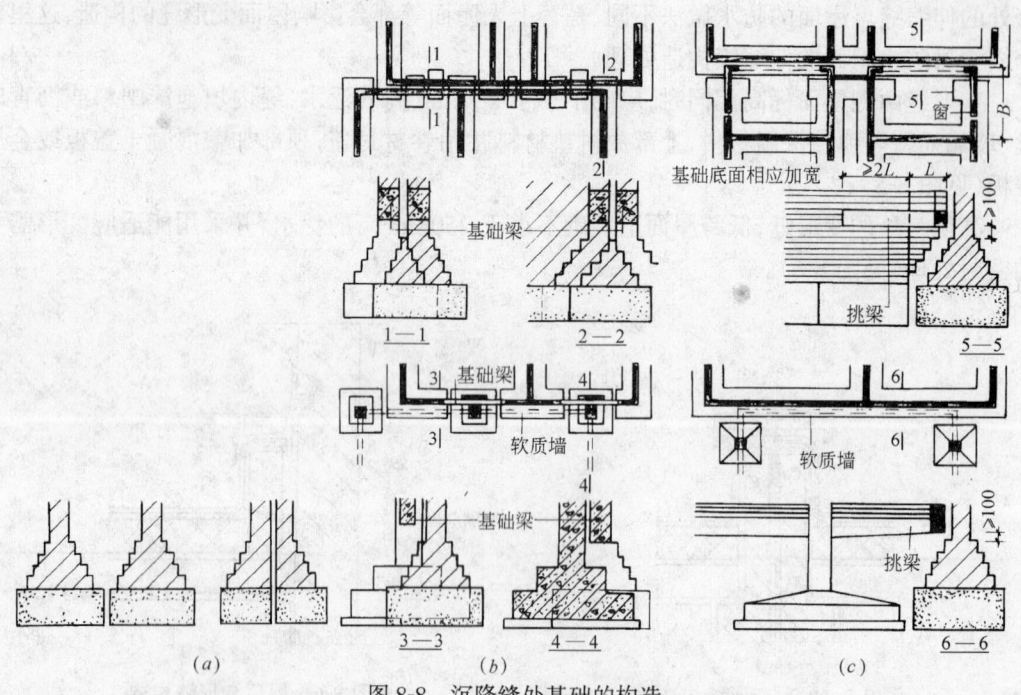

图 8-8　沉降缝处基础的构造

(a)双墙沉降缝;(b)交叉式沉降缝;(c)悬挑式沉降缝

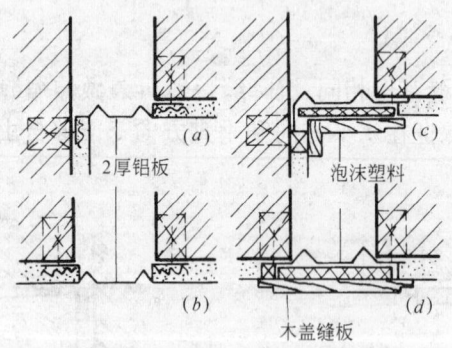

图 8-9　墙体防震缝的构造

(a)、(b)墙体外表面;(c)、(d)墙体内表面

复习思考题

1. 房屋的变形缝有哪几类? 各有什么作用?

2. 伸缩缝的设置跟哪些因素有关? 一般砖混结构房屋伸缩缝的最大间距是多少?

3. 为什么要设置沉降缝? 什么情况下设置沉降缝?

4. 什么情况下设置防震缝?

5. 墙体的变形缝做成企口式和错口式有什么优点?

6. 三种变形缝能否互相代替?

第九章 工业建筑概述

工业建筑是各类工厂为工业生产需要而建造的各种不同用途的建筑物和构筑物的总称。其中那些生产用的建筑物就称为工业厂房。一般我们所说的工业建筑就是指的工业厂房。通常把按生产工艺进行生产的单位称为生产车间。一个工厂是由若干个生产车间组成的。除此之外,还有一些辅助用房(如辅助生产车间、锅炉房、水泵房、库房、办公及生活用房等)和为生产服务的构筑物(如烟囱、水塔、各种管道支架、冷却塔、水池等)。

工业厂房与民用建筑相比,一般基建投资大,占地面积大,要受生产工艺的限制,还要敷设各种生产设备及管线、地沟等。因此,在设计以及建筑构造上与民用建筑都有较大的不同之处。

第一节 工业建筑的分类与特点

一、工业建筑的特点

工业建筑在平面布局、结构形式、建筑构造以及施工等方面与民用建筑都有很大差别。了解工业建筑的特点,对领会并掌握工业建筑的构造是很重要的。工业厂房建筑的特点归纳起来有以下几点:

1. 厂房建筑要满足生产工艺的各种要求,并为工人创造良好的劳动卫生条件,以提高产品质量及劳动效率。

2. 厂房的空间较大,厂房结构还要承受较大荷载和振动等。这是由于工业厂房大都有笨重的机器设备、起重运输设备等造成的。

3. 有的厂房在生产过程中要散发大量的余热、烟尘、有害气体、侵蚀性液体、噪声等。这就要求从建筑构造方面采取相应的措施,解决这些厂房的通风、采光以及隔声等问题。

4. 有的厂房要求保持一定的温、湿度或要求防尘、防振、防爆、防菌、防射线等。这就要求从建筑构造方面要采取一些相应的特殊措施。

5. 生产厂房往往需要一些工程技术管网。如上下水、热力、各种动力等管网。这就要求厂房建筑在建筑构造和承受荷载方面,考虑各种管道的敷设。

6. 生产厂房内常常需要有电瓶车、汽车、甚至火车的通行。

二、工业厂房建筑的分类

工业厂房的类型繁多,根据不同的分类方法有不同的类型。

(一) 按用途分

1. 主要生产厂房:指主要工艺流程的厂房。

2. 辅助生产厂房:指为主要生产厂房服务的厂房。

3. 动力用厂房:指为全厂提供能源动力的厂房。

4. 仓储建筑:指贮存原材料、半成品、成品的仓库建筑。

5. 运输用建筑:指管理、贮存以及检修交通工具用的建筑。

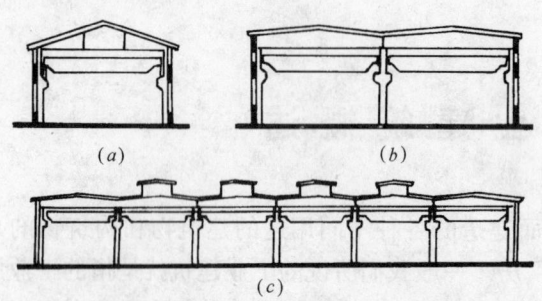

图 9-1 单层工业厂房的断面形式

(a)单跨厂房;(b)双跨厂房;(c)多跨厂房

6.其他:如水泵房、水处理用房等。

（二）按层数分

1.单层工业厂房:一般厂房内有笨重的机器设备,生产的原材料及成品也较重,多用于冶金、重型及中型机械工业等的厂房。这类厂房内大多有起重运输设备,产生振动荷载。可布置成单跨、双跨或多跨的形式(见图 9-1),也可布置成纵横跨的形式。多跨厂房可等高布置,也可以根据生产工艺不等高布置。单层工业厂房多采用钢筋混凝土排架结构。本章主要介绍的就是这类建筑。

2.多层工业厂房:一般这一类厂房生产设备及产品较轻,运输量小;或生产上需要垂直运输,在传送过程中进行加工生产;或生产上需要在不同层进行操作生产;或要求恒温恒湿及空气洁净度要求较高。多用于食品、电子、精密仪器工业等的厂房。多层工业厂房多采用钢筋混凝土框架结构的形式(图 9-2),与民用建筑有较多相似之处,本章不作过多讲述。

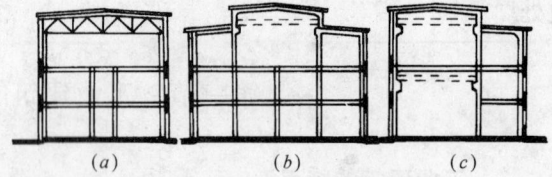

图 9-2 多层工业厂房的断面形式

3.层次混合的厂房:一般用于中间有高大的设备(为单层),两侧边跨仍为多层厂房的形式。

（三）按生产状况分

1.冷加工车间:指在正常温度、湿度条件下进行生产的车间。

2.热加工车间:指车间内有热源,生产中散发大量余热或烟雾及有害气体。

3.恒温恒湿车间:指在稳定的温度和湿度条件下生产的车间。

4.洁净车间。

5.其他特种状况的车间:如有爆炸性可能、有放射性物质、防电磁波干扰车间等。

第二节 单层工业厂房的结构组成和类型

一、单层工业厂房的结构组成

在厂房建筑中,支承各种荷载作用的构件所组成的骨架,称为结构。厂房的结构应该坚固、耐久、连接可靠。见图 9-3。

现以常见的钢筋混凝土排架结构的单层工业厂房为例,说明它的结构组成(图 9-4)。

单层厂房有承重结构和围护结构两大部分组成。

（一）承重结构

由图 9-4 可知,单层厂房的承重结构是由横向的排架和纵向的连系构件以及支撑组成的。

横向排架包括屋架(或屋面梁)、柱子和柱基础。屋面的荷载、外墙的荷载、吊车的荷载

96

等都由横向排架承受。因此,横向排架是单层厂房非常关键的结构构件。

纵向连系构件包括吊车梁、连系梁(或墙梁、圈梁)、大型屋面板等。这些构件把横向排架连系到一起,保证了横向排架的稳定性,形成了单层厂房的整体骨架结构系统,并将作用在山墙上的风荷载以及吊车的纵向制动荷载传给柱子。除此之外,为进一步保证单层厂房的整体性和稳定性,还要设置支撑系统(包括柱间支撑和屋盖支撑两大系统)。

(二)围护结构

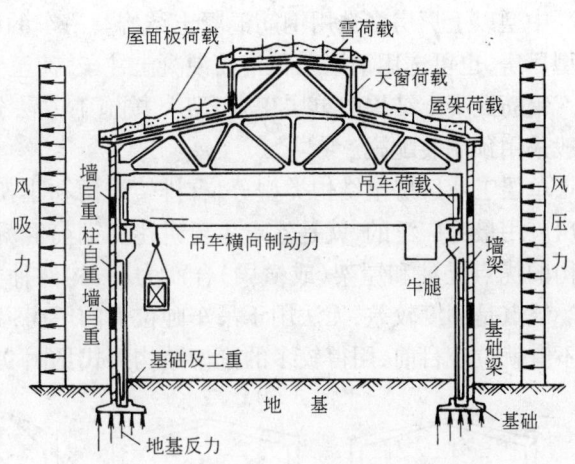

图 9-3　单层工业厂房结构的主要荷载示意

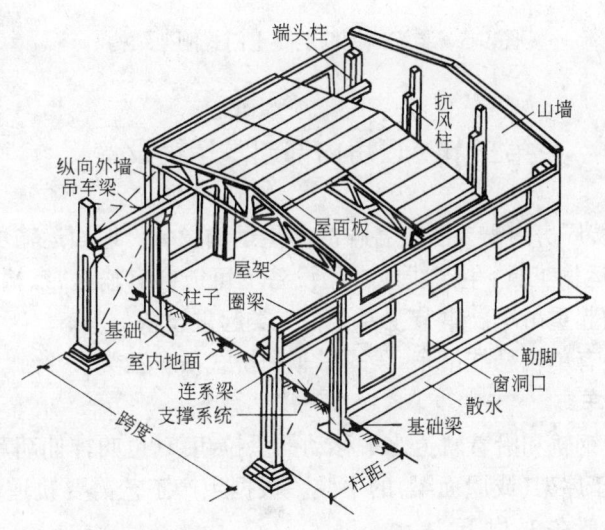

图 9-4　单层工业厂房的结构组成

围护结构包括厂房四周的外墙、抗风柱等。

厂房的外墙仅起围护作用,有时也起分隔作用。一般情况下,外墙砌在基础梁上,基础梁的两端搁置于排架柱的独立基础上,墙体的荷载由基础梁来承受。当墙体较高时,墙体中间要增加若干道墙梁,墙梁搁置于柱子外侧的牛腿上,墙梁将它上部的墙体荷载直接传给排架柱子。同时,墙梁也是厂房的纵向连系构件。

抗风柱主要承受山墙传来的水平风荷载,并传给屋架和基础。

二、单层工业厂房的结构类型

单层工业厂房按承重结构的材料分,有混合结构、钢筋混凝土结构和钢结构等类型。

混合结构的主要承重结构为墙或带壁柱墙。屋架可用钢筋混凝土、钢木、轻钢等材料。一般用于无吊车(或吊车吨位较小)、跨度在 15m 以内、高度在 5m 以内且无特殊要求的小型厂房。

中型以上厂房多选用钢筋混凝土结构。吊车的吨位可以较大,能承受振动荷载。对于大型厂房,也可选用钢屋架和钢筋混凝土柱子,甚至于承重结构全部采用钢结构。

钢筋混凝土结构的单层工业厂房,按施工方法分又有现浇式和预制装配式两种类型。一般采用预制装配式。

单层工业厂房按结构类型分,有排架结构和刚架结构两种常用的结构形式。单层工业厂房应用最为广泛的,就是本章主要讲述的钢筋混凝土排架结构。装配式钢筋混凝土刚架结构的优点是柱和屋架(或横梁)合而为一,构件种类少,制作简单,结构轻巧,建筑空间宽敞。缺点是刚度较差,无法用于吊车吨位大的厂房;另外,外形呈"Γ"形或"Y"形的刚架吊装时不宜就位。目前,用得较多的刚架结构形式见图9-5。

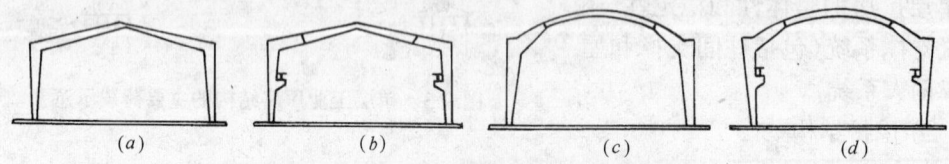

图9-5 装配式钢筋混凝土门式刚架结构

第三节 厂房内部起重运输设备

由于生产的需要,厂房内需要各种各样的起重运输设备。地面运输可采用手推车、电瓶车、汽车以及火车等运输工具;生产线或专用设备上可能会有输送带、输送轨道等;厂房上空可安装各种各样的起重吊车。本节主要介绍三类起重设备。

常见的起重设备有单轨悬挂吊车、梁式吊车和桥式吊车三类。

一、单轨悬挂吊车

单轨悬挂吊车由钢轨和沿着轨道水平移动的手拉葫芦(也叫神仙葫芦)或电动葫芦组成(图9-6)。轨道悬挂于屋架(或屋面梁)的下弦。根据生产工艺需要轨道可为直线、曲线、环状等形状。起重量一般在3t以下。

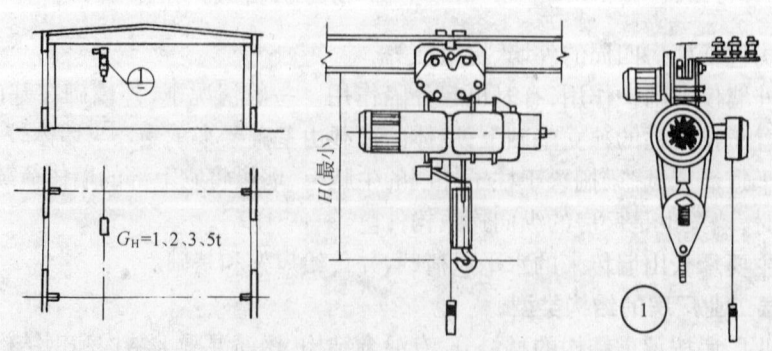

图9-6 单轨悬挂吊车

二、梁式吊车

梁式吊车由两条钢轨、单梁和电动葫芦组成。电动葫芦沿单梁滑行,单梁沿钢轨滑行。

钢轨可悬挂在屋架(屋面梁)的下弦(称作悬挂式单梁吊车),也可以支承在排架柱所挑出的牛腿上(称为支承式单梁吊车)。梁式吊车与单轨悬挂吊车相比,活动范围不再是线状,除了一些边缘地带外,基本可到达车间内任何地方。梁式吊车的起重量一般不超过 5t。单梁吊车的举例见图 9-7、图 9-8。

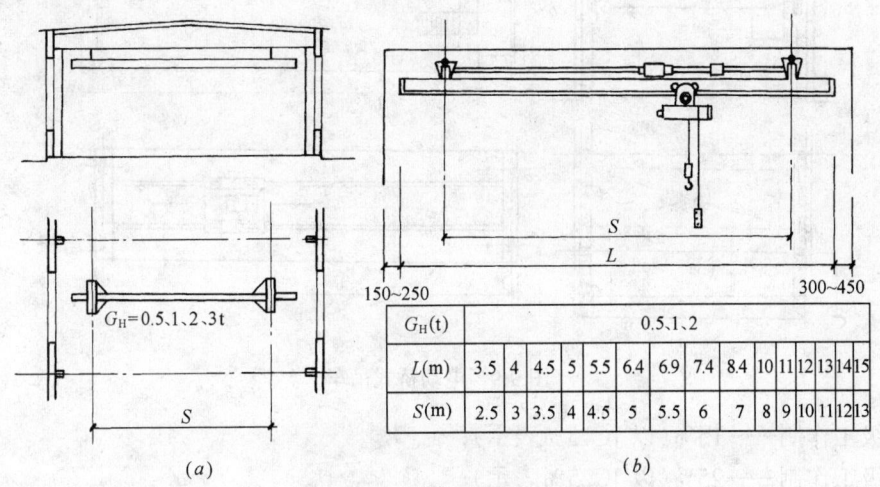

$G_H(t)$	0.5、1、2														
L(m)	3.5	4	4.5	5	5.5	6.4	6.9	7.4	8.4	10	11	12	13	14	15
S(m)	2.5	3	3.5	4	4.5	5	5.5	6	7	8	9	10	11	12	13

(a)   (b)

图 9-7　悬挂式单梁吊车

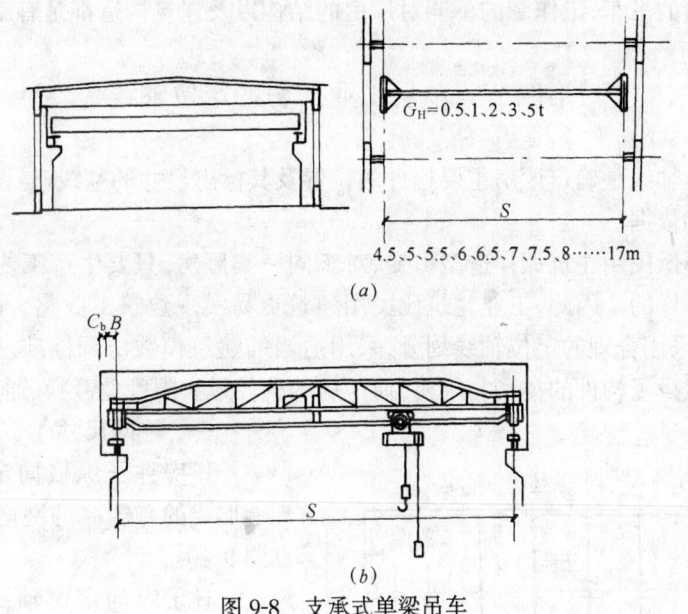

图 9-8　支承式单梁吊车

三、桥式吊车

与支承式单梁吊车相类似,但不同的是用双楄钢桥架(或钢板梁)取代普通的单梁,在桥架上设水平运行的起重小车而不是普通的电动葫芦(见图 9-9)。这样,桥式吊车的起重量要大得多,一般从 5t 直至数百吨。

根据吊车开动的时间与全部工作时间的比率,吊车分轻级、中级、重级三种工作制。以 JC% 来表示:

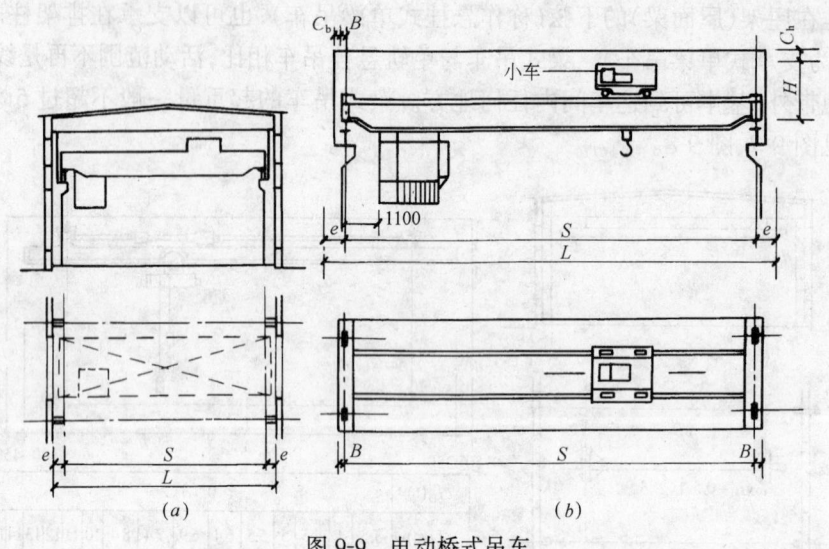

图 9-9 电动桥式吊车

轻级工作制——15%（以 JC15% 表示）；

中级工作制——25%（以 JC25% 表示）；

重级工作制——40%（以 JC40% 表示）。

同样起重量的吊车,工作制的不同对厂房的结构以及建筑构造都是有影响的。

第四节 单层工业厂房的定位轴线

厂房的定位轴线是确定厂房主要构件的位置及其标志尺寸的基线,是设备定位、安装及厂房施工放线的依据。

工业建筑不像民用建筑那样造型多变,对于同一类厂房,只要生产工艺相同,对厂房的建筑要求都是一样的。因此,工业建筑比民用建筑更易实现建筑工业化。而要想达到这一目标,必须做到采用合理的定位轴线划分,采用适当的建筑模数协调标准,才能在满足生产工艺的同时又减少了构件的类型与规格,使厂房的构件最大限度地互换、通用。

一、柱网尺寸

厂房柱子纵横向定位轴线在平面上形成的有规律的网格,称为柱网。见图 9-10。

柱子纵向定位轴线间的距离称为跨度;横向定位轴线间的距离称为柱距。

确定柱网尺寸,首先要满足生产工艺的要求;其次要考虑建筑材料、结构形式、施工条件、经济效益、技术改造以及提高工业化程度等因素;此外,还要满足《厂房建筑模数协调标准》GBJ 6—86 的

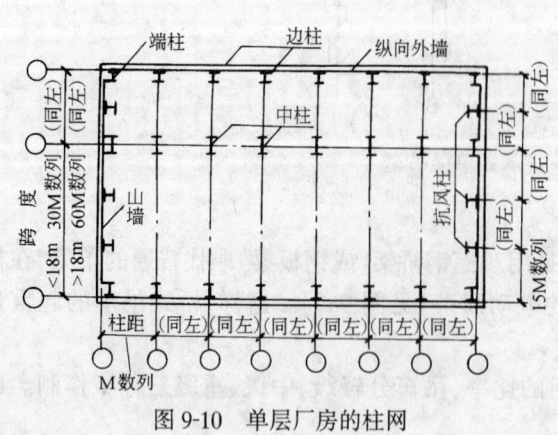

图 9-10 单层厂房的柱网

有关规定。该标准对柱网的跨度和柱距有如下规定：

（一）跨度

跨度在18m以下时，采用扩大模数30M数列，即9、12、15、18m；跨度在18m以上时，采用扩大模数60M数列，即24、30、36……。

（二）柱距

单层厂房的柱距应采用扩大模数60M数列，即6、12m。根据我国情况，钢筋混凝土或钢结构厂房一般采用6m柱距，有时也采用12m柱距。

（三）抗风柱

单层厂房山墙抗风柱柱距，宜采用扩大模数15M数列，即4.5、6、7.5m。

二、定位轴线的标定

厂房的定位轴线分为纵向定位轴线和横向定位轴线两种。横向定位轴线是与横向排架所在的平面相互平行的，而纵向定位轴线则是与横向排架平面相互垂直的。

（一）横向定位轴线

与横向定位轴线有关的承重构件，主要有屋面板、吊车梁、连系梁、基础梁、柱间支撑和屋盖支撑等。横向定位轴线间的距离就是这些构件的标志长度，横向定位轴线一般情况下应与屋架的中心线相重合。

1．中间柱与横向定位轴线的定位

除山墙端部柱及横向变形缝两侧柱以外，中间柱的中心线与横向定位轴线相重合，横向定位轴线通过屋架中心线及屋面板、吊车梁等的横向接缝（见图9-11a）。

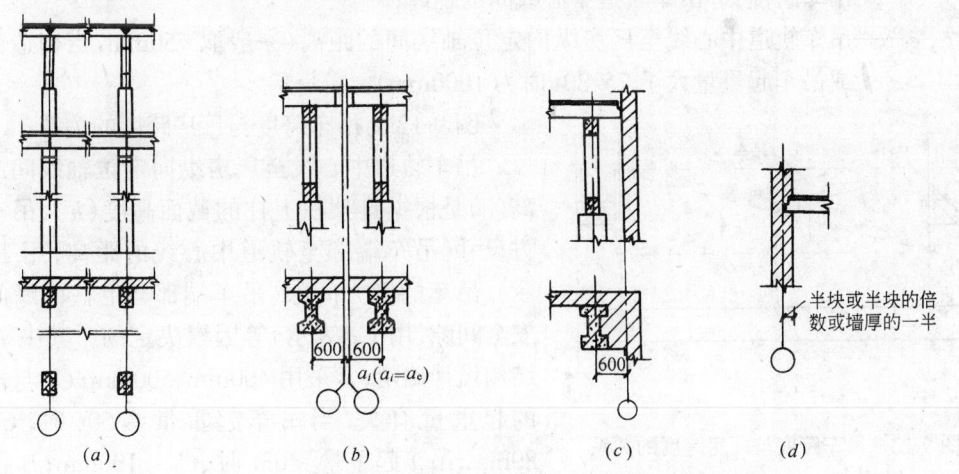

图9-11 单层厂房的横向定位轴线

（a）中间柱与横向定位轴线的定位；（b）变形缝处柱与横向定位轴线的定位；

（c）非承重山墙与横向定位轴线的定位；（d）承重山墙与横向定位轴线的定位

2．横向变形缝处柱与横向定位轴线的定位

此处应采用双柱及两条横向定位轴线。柱的中心线均应自定位轴线向两侧各移600mm，两条横向定位轴线分别通过两侧屋面板、吊车梁等纵向构件的端部，两条横向定位轴线的间距就是变形缝的宽度（见图9-11b）。

3．非承重山墙处柱与横向定位轴线的定位

山墙内缘应与横向定位轴线相重合,且端部柱及端部屋架的中心线应自横向定位轴线向内移600mm(见图9-11c)。这是由于山墙端部要设抗风柱,为避免与屋架矛盾,上部留出抗风柱上柱的位置。

4. 承重山墙与横向定位轴线的定位

对于墙体承重的山墙,墙内缘与横向定位轴线的距离,应按砌体块材的类别,分别为半块或半块的倍数或墙厚的一半(见图9-11d)。因为此时的屋面板要进墙,而横向定位轴线应通过屋面板的端部。

(二) 纵向定位轴线

厂房建筑的纵向定位轴线与横向定位轴线比较而言,要复杂一些。比如多跨厂房的中柱,有时尽管只有一排中柱却设了两条定位轴线,这是因为屋面荷载较大或吊车荷载较大或其他原因引起的需要设插入距的缘故。对于设备专业来说,只要知道有这种情况就可以了。

与纵向定位轴线有关的构件主要是屋架(或屋面梁)。无论是钢筋混凝土排架结构还是砌体结构,无论是多跨还是单跨厂房,也无论是等高跨还是高低跨厂房,纵向定位轴线都是按照屋架的标志跨度从它的两端垂直引下的,而不管轴线与柱子或墙体的相对位置关系如何,这一点是非常重要的。

1. 边柱与纵向定位轴线的定位

在有梁式或桥式吊车的厂房中,厂房跨度与吊车跨度存在下式的关系:

$$S = L - 2e$$

式中　L——厂房跨度,即纵向定位轴线间的距离;

　　　S——吊车跨度,即吊车轨道中心线间的距离;

　　　e——吊车轨道中心线至厂房纵向定位轴线间的距离(一般取750mm,当构造需要或吊车起重量大于75/20t时为1000mm)。

图9-12为吊车跨度与厂房跨度的关系。

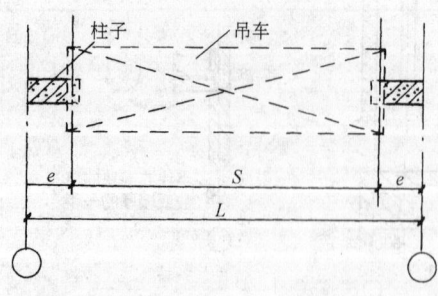

图9-12　吊车跨度与厂房跨度的关系

吊车轨道中心线至厂房纵向定位轴线间的距离(e)是根据排架柱上柱的截面高度(h)、吊车侧方尺寸(吊车端部至轨道中心线的距离,用B表示)、吊车的侧方间隙(吊车端部与上柱内缘间的安全间隙,用C_b表示)等因素决定的。其中h由结构设计确定,常采用400mm、500mm;C_b与吊车的起重量有关,当吊车起重量≤50t时,C_b=80mm,吊车起重量≥63t时,C_b=100mm;B值随吊车跨度和起重量的增大而增大,吊车在出厂时B值是一个定值并标注于铭牌上。根据$h+B+C_b$与e的关系,外墙、边柱与纵向定位轴线的定位有下述两种:

(1) 封闭结合

当$h+B+C_b≤e$时,纵向定位轴线、边柱外缘和外墙内缘三者重合。此时上部的屋面板与外墙之间没有缝隙,形成"封闭结合"的构造。构造简单,施工方便。这条纵向定位轴线就称为"封闭轴线"。

(2) 非封闭结合

当吊车的起重量或厂房的跨度较大，h、B、C_b 都可能增大，会导致 $h + B + C_b > e$，此时无法再采用"封闭结合"。需要将边柱和外墙从纵向定位轴线处向外移出一定尺寸 a_c，使 $e + a_c > h + B + C_b$，从而保证结构安全。这个移出的尺寸 a_c 称为"联系尺寸"。联系尺寸应符合模数，当外墙为砌体结构时，符合 1/2M（即 50mm）的整数倍；当外墙为大型墙板时，应符合 3M（即 300mm）的整数倍。

当有联系尺寸时，纵向定位轴线、边柱外缘和外墙内缘三者不能重合，上部屋面板与外墙之间出现缝隙，这种情况称为"非封闭结合"。这时屋面板与外墙之间的缝隙需作构造处理。这条纵向定位轴线就称为"非封闭轴线"。

封闭结合与非封闭结合见图 9-13。

2. 中柱与纵向定位轴线的定位

中柱的情况较为复杂，分等高跨中柱和高低跨（不等高跨）中柱；又分设纵向变形缝和不设纵向变形缝；还分设单排中柱和双排中柱等。但总的原则并不复杂。

首先，无论等高跨还是不等高跨，当没有纵向变形缝时，宜设单柱和一条纵向定位轴线；当需要设纵向伸缩缝时，宜设单柱和两条纵向定位轴线，在其中一跨厂房的屋架下设滚轴支座；当需要设纵向抗震缝或沉降缝时，只能设双柱和两条纵向定位轴线。沉降缝的基础是断开的，而抗震缝的基础可以不断开。

其次，与边柱相类似，边柱有时会出现"联系尺寸"，中柱则叫做"插入距"（a_i）。出现插入距时，中柱处只能是两条纵向定位轴线。它与中柱是单柱还是双柱没有关系。

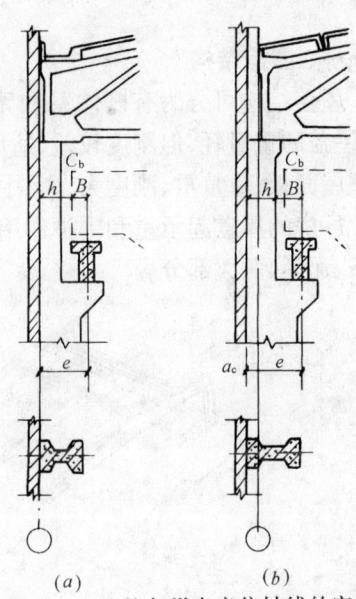

图 9-13　边柱与纵向定位轴线的定位
（a）封闭结合；（b）非封闭结合

3. 纵横跨相交处柱与定位轴线的定位

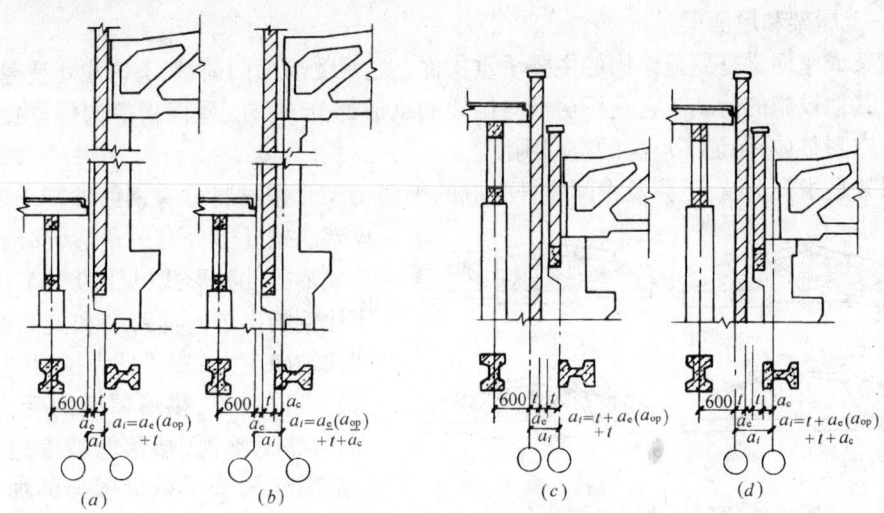

图 9-14　纵横跨相交处的定位轴线
（a）、（b）单墙方案；（c）、（d）双墙方案

103

在有纵横跨的厂房中,在纵横跨交界处应设置变形缝将二者断开,使它们在结构上相互独立。因此,此处一定是双排柱,并采用各自的定位轴线。

必须弄清的是,尽管这两条定位轴线相互平行,但一条是山墙端部处的横向定位轴线;而另一条则相当于边柱处的纵向定位轴线,并分别按前面讲过的原则定位。两条定位轴线的距离,根据缝隙的宽度、封墙及山墙的厚度、是否设置山墙、边柱处是否有联系尺寸等来决定。纵横跨相交处的定位轴线见图9-14。

第五节 单层工业厂房主要结构构件简介

一、屋盖结构

屋盖结构可分为有檩体系和无檩体系两大种类。有檩体系屋盖一般采用轻型屋面材料,屋盖的重量轻,但刚度较差,适用于中、小型厂房(图9-15a)。无檩体系的屋盖一般采用大型屋面板,重量重,刚度大,大、中型厂房采用较多(图9-15b)。

厂房的屋盖起承重和围护作用。它包括承重构件(屋架或屋面梁)和覆盖构件(屋面板、檩条、瓦等)两大部分。

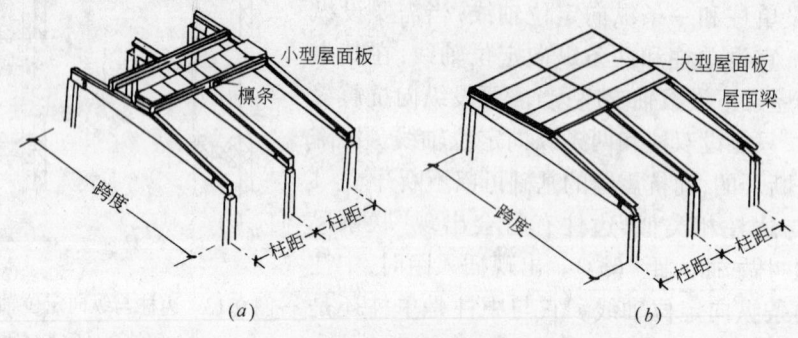

图 9-15 屋盖结构
(a)有檩体系屋盖;(b)无檩体系屋盖

(一)屋架和屋面梁

屋架或屋面梁是屋盖结构的主要承重构件。它承受屋面的荷载,有时也承受悬挂吊车、管道或其他设施的荷载。它是厂房横向排架的组成部分,将柱、屋面板等构件连接起来,组成一个空间整体,保证了厂房的空间刚度。

屋架是指有上弦、下弦及中间腹杆组成的平面桁架。按材料分有钢筋混凝土屋架和钢屋架。按外形分有三角形、梯形、拱形和折线形等几种形式(见图9-16)。图中按一定比例画出了同样跨度和矢高的四种屋架的轴向应力("+"号为拉力,"-"为压力),可以看出,拱形屋架的受力最为合理,但加工不便,端部的坡度也较大;折线形屋架改善了拱形屋架的加工性能,受力没有拱形屋架合理;三角形屋架受力不均匀,坡度较大,适用于瓦材屋面;

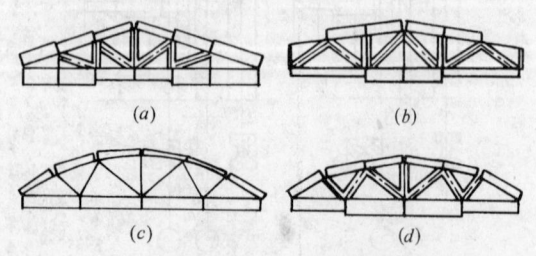

图 9-16 屋架的形式及其轴力
(a)三角形屋架;(b)梯形屋架;(c)拱形屋架;(d)折线形屋架

梯形屋架受力也不均匀,但屋面坡度小,适用于卷材防水屋面。

屋架与柱子的连接有焊接和螺栓连接两种方法(图 9-17)。焊接方法是在屋架端部支承部位的预埋件底部焊一垫板,待安装就位后再与柱顶的预埋钢板焊牢。焊接法一般用得较多。螺栓连接是在柱顶埋有螺栓,屋架下部的垫板带有长圆孔,待安装就位后用螺母拧紧并焊牢。螺栓连接安装时临时固定较方便,但螺栓预埋件加工麻烦,并且屋架安装时易碰坏。

屋面梁一般为钢筋混凝土制作,断面常常为"工"字形、"T"形等,自重较大,适用于跨度不太大的厂房。

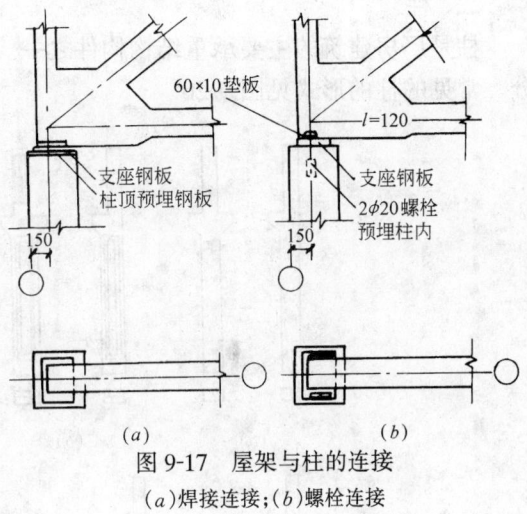

图 9-17　屋架与柱的连接
(a)焊接连接;(b)螺栓连接

(二) 屋盖的覆盖构件

屋盖的覆盖构件种类较多。无檩体系在屋架上直接安装各种各样的屋面板;有檩体系先铺设檩条,再安装各类瓦材屋面。

1. 无檩体系屋面

无檩体系屋盖一般采用预应力钢筋混凝土肋形屋面板,有时采用"F"形屋面板、单肋板、夹心保温屋面板等。预应力钢筋混凝土肋形屋面板(又称大型屋面板)的外形尺寸一般为 1.5m×6m,厚度为 240mm。为组织屋面的排水,与之配套的有天沟板、挑檐板。

屋面板与屋架通过预埋件焊接,焊点不少于三个(图 9-18)。板缝用强度不低于 C15 的细石混凝土填实。天沟板与屋架的焊点为四个,与屋面板之间的缝隙内放两根通长 φ8 圆钢筋,再用 C15 的细石混凝土填实(图 9-19)。

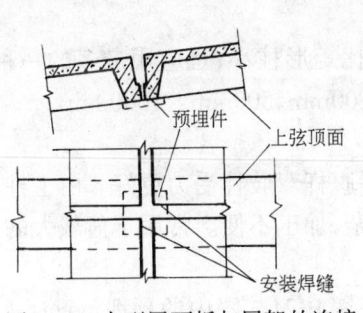

图 9-18　大型屋面板与屋架的连接

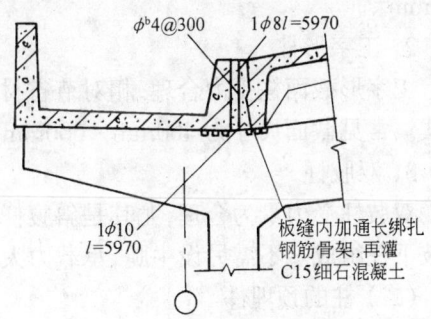

图 9-19　天沟板与屋架的连接

2. 有檩体系屋面

有檩体系屋面的种类较多,常见的有钢筋混凝土槽瓦屋面、钢丝网水泥波形瓦屋面、彩钢屋面、石棉水泥瓦屋面等。屋面材料不同,与檩条之间的连接方式也不同。常用螺栓、螺栓挂钩、卡子、木螺丝等连接。

常用的檩条有钢筋混凝土檩条和型钢檩条。与屋架之间一般采用焊接的方式连接。

二、柱

柱是厂房建筑的主要承重结构构件之一。常采用钢筋混凝土柱,有单肢柱和双肢柱之分。常见的柱的形式见图9-20。

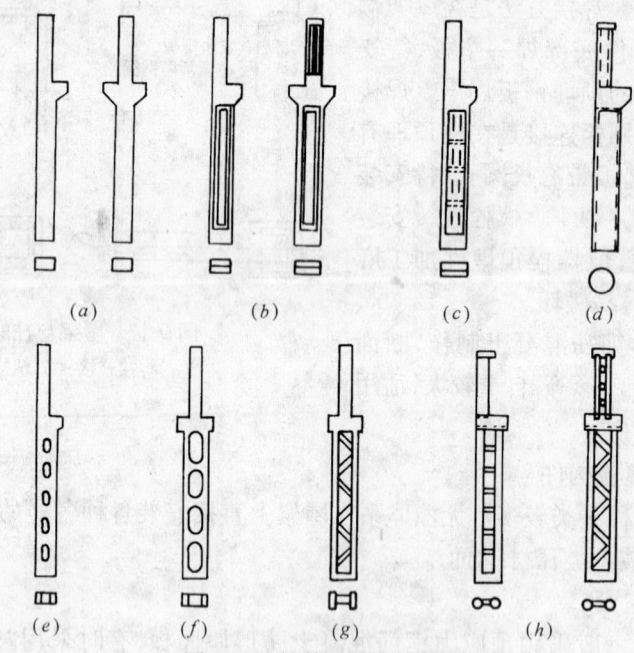

图 9-20   钢筋混凝土排架柱

a)矩形柱;(b)工字形柱;(c)预制空腹板工字形柱;(d)单肢管柱;(e)双肢柱;
(f)平腹杆双肢柱;(g)斜腹杆双肢柱;(h)双肢管柱

(一) 柱的截面形式

1．矩形柱

矩形柱外形简单,制作方便,但自重大,多用于现浇柱。截面尺寸常采用 400mm×600mm。

2．工字形柱

工字形截面柱受力合理,相对节省材料,自重也比矩形柱小,是应用最多的一种预制柱形式。常见截面尺寸为 400mm×600mm、400mm×800mm、500mm×1000mm。

3．双肢柱

双肢柱受力最为合理,尤其是斜腹杆双肢柱比平腹杆双肢柱受力更好。由上柱、肩梁和两肢下柱组成。不需另设牛腿,承载力大,但构造复杂,加工不便。常用于荷载大的厂房。

(二) 柱的预埋件

柱子上的预埋铁件必须准确预埋,不能遗漏。见图9-21。图中的预埋钢筋①是柱与墙体的拉结筋;预埋钢筋②是柱与墙梁的拉结筋;预埋件 M-1 是柱与屋架之间的连接件;预埋件 M-2、M-3 是与吊车梁之间的连接件;预埋件 M-4、M-5 是设柱间支撑时柱与柱间支撑的连接件。

三、基础与基础梁

(一) 基础

厂房的基础与其他建筑物的基础一样,承受上部所有的荷载,并将这些荷载传给地基,

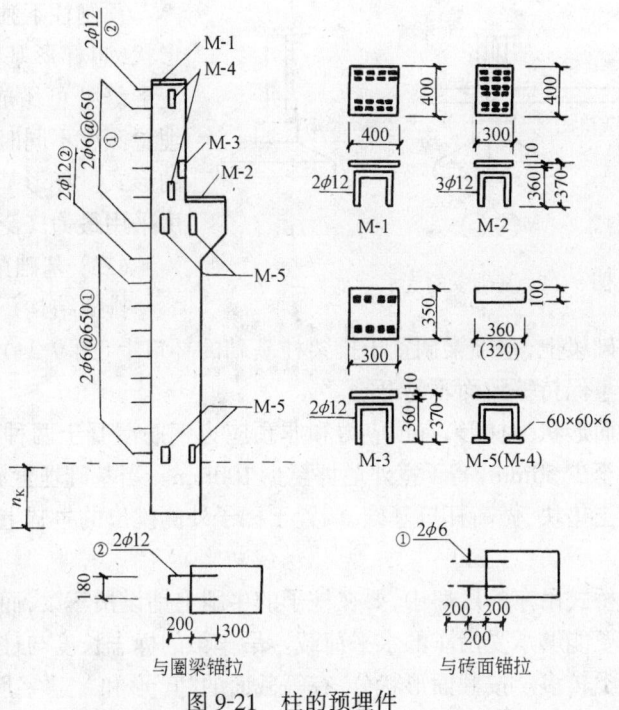

图 9-21 柱的预埋件

起承上传下的作用。是厂房建筑的重要结构构件之一。

排架结构的厂房,一般采用钢筋混凝土现场捣制的独立基础。基础所用混凝土的等级一般不低于 C15,钢筋为 I 级钢筋或 II 级变形钢筋。为便于施工和保护受力钢筋,基础下通常要用 C7.5 的混凝土铺 100mm 厚的垫层。根据上部柱子的施工方法不同,分为预制柱下独立基础和现浇柱下独立基础。这两种基础的构造及要求见图 9-22、图 9-23。

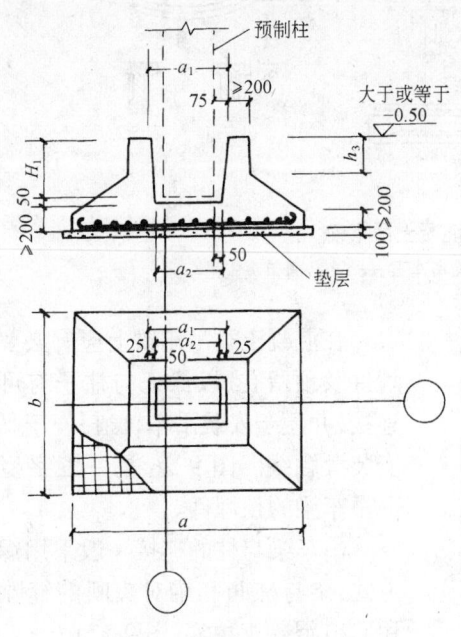

图 9-22 预制柱下独立基础

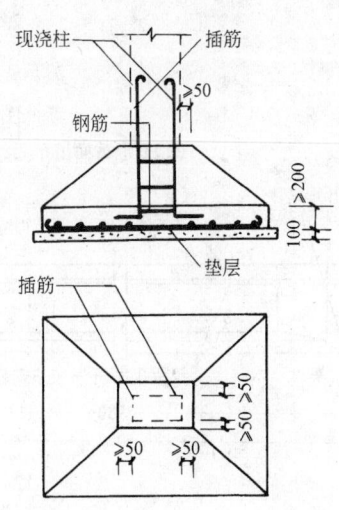

图 9-23 现浇柱下独立基础

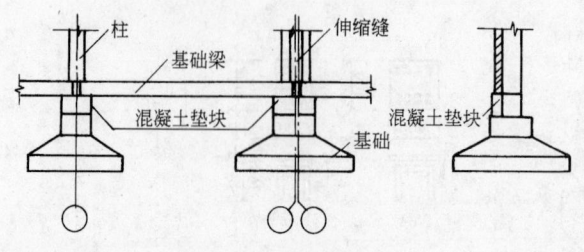

图 9-24　基础梁的支承

预制柱下独立基础的顶部为杯口形状,叫杯形基础(或杯口基础)。在变形缝处可做成双杯口基础;当基础埋置深度不同时也可做成高杯口基础的形式。杯形基础是单层排架结构厂房采用最为广泛的一种基础形式。

（二）基础梁

排架结构厂房的墙体,一般不设基础而砌筑于基础梁上,基础梁搁置于排架柱基础的杯口上(图 9-24)。这种做法可使墙体与排架柱的沉降量保持一致而不易开裂。

基础梁的断面形状为梯形,有预应力和非预应力钢筋混凝土两种。基础梁的顶面标高低于室内地坪应至少 50mm,高于室外地坪至少 100mm。当基础埋置深度较深时,可采取在基础梁下加混凝土垫块、做高杯口基础、搁置于柱子外侧挑出的牛腿上等措施。

四、吊车梁

在有梁式或桥式吊车的厂房中,要在柱子的牛腿上铺设吊车梁,而在吊车梁上面铺设吊车轨道。吊车梁要能够承受吊车的水平荷载。吊车梁的标志长度与柱距相同。

吊车梁的种类较多。按截面形状分,有等截面的"T"形和"工"字形吊车梁、变截面的鱼腹式吊车梁(图 9-25);按材料分有非预应力和预应力钢筋混凝土结构吊车梁、钢结构吊车梁。鱼腹式吊车梁的腹壁薄,外形像鱼腹,截面为工字形,受力合理,可承受较大荷载,适用于大跨度、有大吨位吊车的厂房。

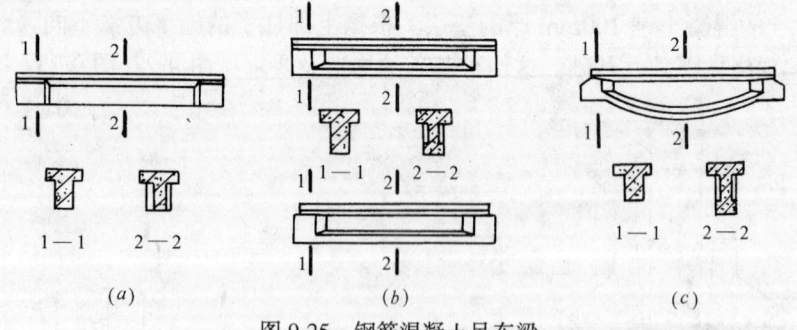

图 9-25　钢筋混凝土吊车梁

(a)T 形截面吊车梁;(b)工字形截面吊车梁;(c)变截面鱼腹式吊车梁

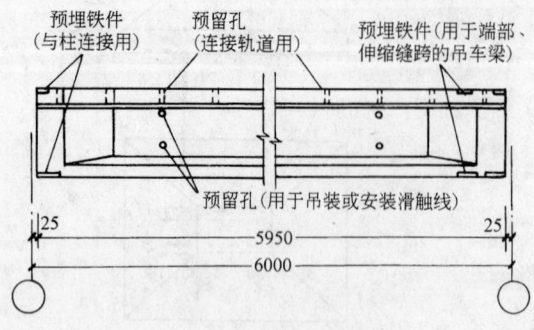

图 9-26　吊车梁的预埋件

在混凝土类吊车梁上应有必要的预埋件及预留孔,以保证与柱子有可靠的连接,并便于安装吊车轨道,便于吊装或安装滑触线。图 9-26 是一工字型等截面吊车梁的预埋件。

吊车梁与柱的连接一般采用焊接的方式,梁与柱间和梁对头间的缝隙都须用 C20 混凝土填实(图 9-27)。

108

五、连系梁与圈梁

（一）连系梁

连系梁是厂房柱与柱间的纵向水平连系构件。它起传递水平风荷载，增强厂房纵向刚度的作用。连系梁可以设在墙内（叫墙梁），也可以不设在墙内。联系梁一般采用钢筋混凝土预制构件。

墙梁分为承重墙梁和非承重墙梁两种。非承重墙梁只起连系作用，在构造上仅用螺栓与柱拉结即可，而不需要搁置于牛腿上。承重墙梁还要保证传

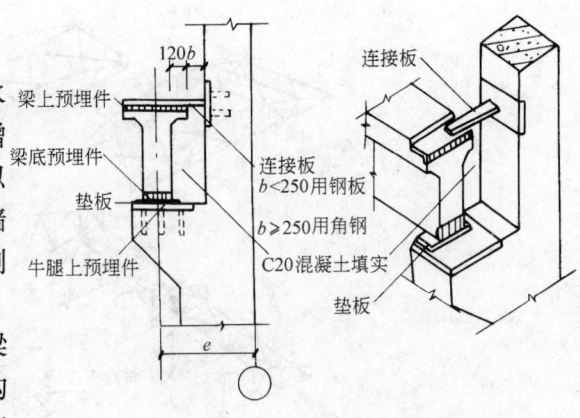

图 9-27 吊车梁与柱的连接

递竖向荷载，因此除了用螺栓与柱子拉结外，下边应有支承墙梁及上部墙体重量的牛腿。这个牛腿可以从钢筋混凝土柱子上直接出挑，也可以通过预埋件焊接钢牛腿（钢托架）。承重墙梁（连系梁）与柱的连接构造见图 9-28。

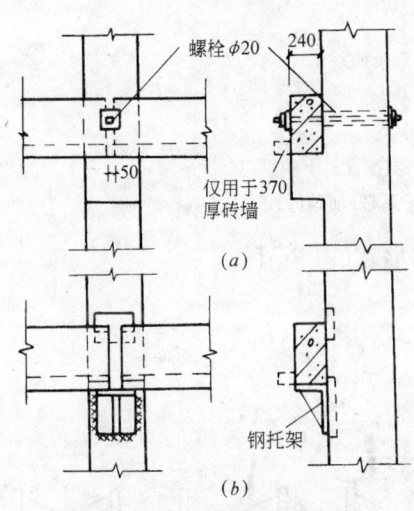

图 9-28 连系梁与柱的连接

（二）圈梁

与民用建筑相类似，尤其单层排架结构的厂房剖面高度较高，大多都有振动荷载，应按抗震规范有关规定在门窗洞口、吊车梁、柱顶、檐口等处设置圈梁，以增强厂房的整体刚度。圈梁是不承重的，它的下面不需设牛腿，仅与柱拉结即可。

厂房的圈梁除采用现浇外，也可以采用预制钢筋混凝土圈梁。预制圈梁接头处必须通过二次浇注，并与柱子拉结到一起。

六、支撑简介

支撑的主要作用是保证厂房结构和构件的刚度、稳定性和承载力，并传递部分水平荷载。因此，尽管支撑不是主要的承重构件，但所起的作用是不能忽视的。

支撑有屋盖支撑和柱间支撑两大部分。

屋盖支撑包括横向水平支撑（上弦横向水平支撑和下弦横向水平支撑）、纵向水平支撑（上弦纵向水平支撑和下弦纵向水平支撑）、垂直支撑和纵向水平系杆（加劲杆）等（图9-29）。屋盖支撑设置的位置、设置要求等要根据厂房的具体情况，依照规范的具体要求来定。一般情况下，横向水平支撑和垂直支撑布置于厂房建筑的端部以及横向伸缩缝两侧的第二（或第一）柱间屋盖处；纵向水平系杆是在有天窗时沿厂房的长度方向通长设置。

柱间支撑根据与吊车梁的位置关系分为上柱柱间支撑和下柱柱间支撑。上柱柱间支撑用以承受作用在山墙上的风荷载，并保证厂房的纵向刚度。下柱柱间支撑用以承受上部支撑传来的内力和吊车梁传来的吊车纵向制动力，并传给基础。柱间支撑应设置在厂房建筑伸缩缝变形区段的中央柱间。柱间支撑一般采用型钢制作，多采用交叉式，与柱上的预埋件

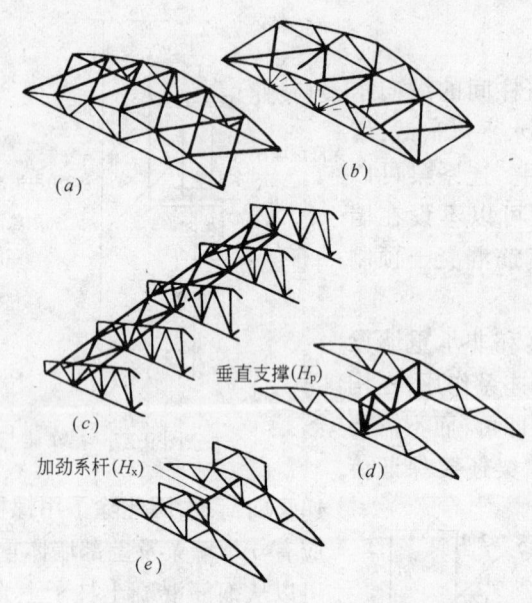

图 9-29 屋盖支撑的种类

(a)上弦横向水平支撑;(b)下弦横向水平支撑;(c)下弦纵向
水平支撑;(d)垂直支撑;(e)纵向水平系杆(加劲杆)

焊接(图 9-30)。有特殊要求时也可采用门架式支撑的形式(图 9-31)。

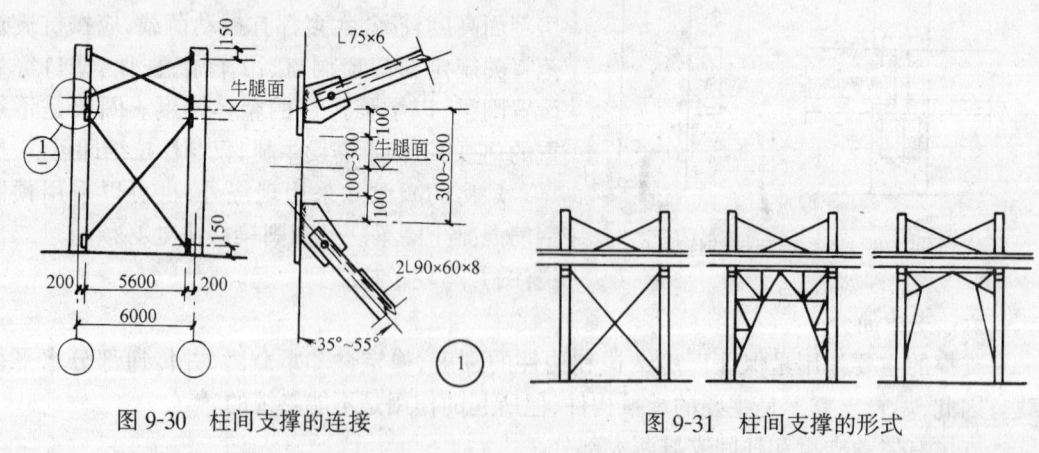

图 9-30 柱间支撑的连接   图 9-31 柱间支撑的形式

第六节 其 他

一、外墙

厂房的外墙要根据生产工艺、结构条件和当地的气候条件等来确定。比如,一般的冷加工车间外墙要考虑热工方面的要求,而热加工车间的外墙要考虑散热问题;有腐蚀性介质的厂房外墙要能够防止酸、碱等的侵蚀;有恒温、恒湿要求的厂房的外墙构造则更为复杂。

单层厂房的外墙按材料类别分有砖墙、砌块墙、板材墙等;按承重形式分则有承重墙、承自重墙和框架墙等。

(一) 砖墙与砌块墙

对于单层钢筋混凝土排架结构厂房,它的外墙在墙梁以下为承自重墙,墙梁以上为框架墙。承自重墙和框架墙的墙体材料多用普通黏土砖和各种砌块,它们的构造是相同的。

墙体与排架柱的相对关系有两种类型:外墙在柱子外侧(柱子外缘与墙体内缘齐平)和柱子嵌入墙体内(部分嵌入、柱子外缘与墙体外缘齐平或居中)。前者构造简单、施工方便、热工性能好,基础梁、墙梁等构配件便于定型生产,因此采用较多。后者的墙体可以增加柱列间的刚度,节省建筑面积,但构造复杂,且热工性能较差,采用相对较少。

由于单层厂房的剖面高度较高,外墙面积较大,为了保证外墙的稳定性,外墙与柱子之间应有可靠的连接。通常采取柱子沿高度方向每隔 500~600mm 预埋两根 $\phi6$ 的拉结钢筋,砌入墙体砖缝内(见图 9-32)。

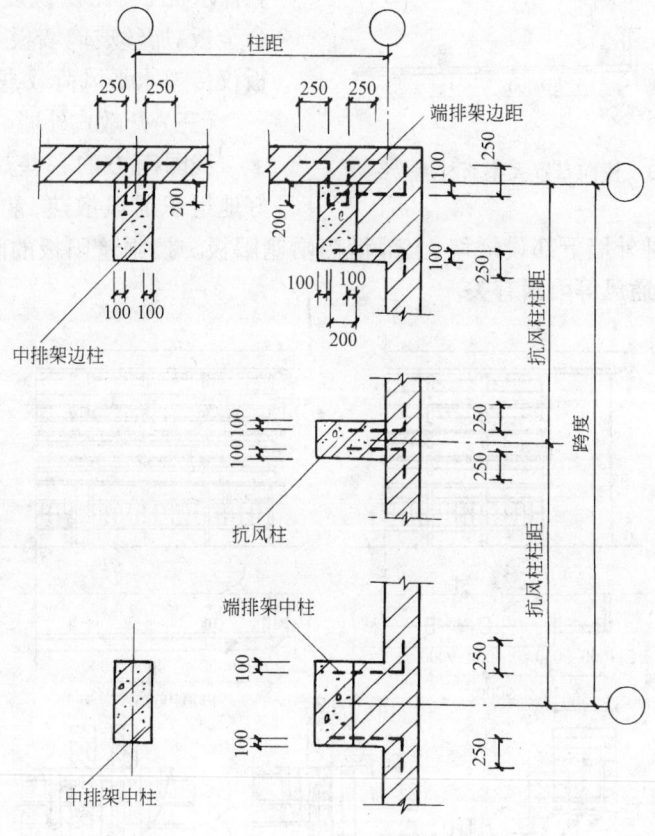

图 9-32　墙与柱的拉结

除此之外,外墙与屋架、屋面板之间也应有拉结措施。当有女儿墙时,上部需要用预制或现浇的钢筋混凝土做压顶处理。

(二) 板材墙

用大型墙板作为墙体的板材墙是墙体改革的重要内容,可以促进建筑的工业化,简化、净化施工现场,加快施工进度,同时,板材墙的重量轻、抗震性能好。因此,板材墙是我国工业建筑大量推广的外墙类型之一。

板材墙按其保温性能分有保温墙板和非保温墙板。按其受力状况可分承重板墙和非承

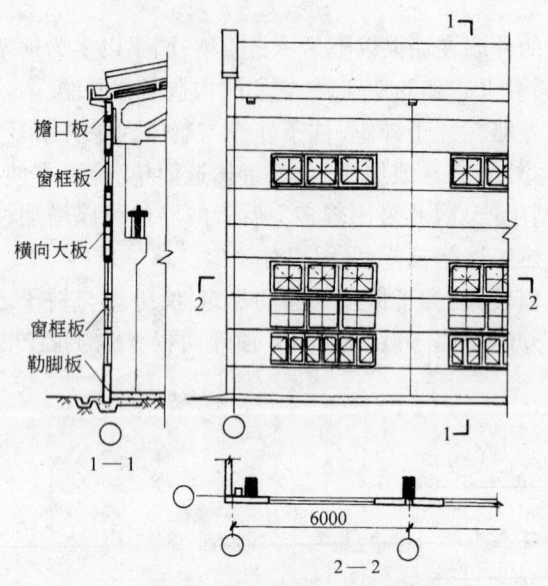

图 9-33　横向布置大型板材墙

重墙板。按其所处的位置不同,可分为檐口板、窗上板、窗框板、窗下板、一般板、山尖板、勒脚板、女儿墙板等。按其规格尺寸可分为基本板、异型板和补充构件。

板材墙的墙板布置分为横向布置、竖向布置和混合布置三种类型。目前多采用横向布置方案(图 9-33)。

不要求保温隔热的车间、防爆车间和仓库建筑的外墙,可采用轻质外墙(如石棉水泥板、瓦楞铁皮、塑料板材墙、铝合金板、加丝玻璃墙板等)。这种轻质墙板仅传递水平风荷载,重量非常轻。

(三) 开敞式外墙

我国南方的一些热加工车间,为更好地组织通风散热,常常采用开敞式外墙(图 9-34)。这种外墙下部设矮墙,上部设挡雨遮阳板。挡雨遮阳板的间距,与当地的飘雨角度、日照以及通风等因素有关。

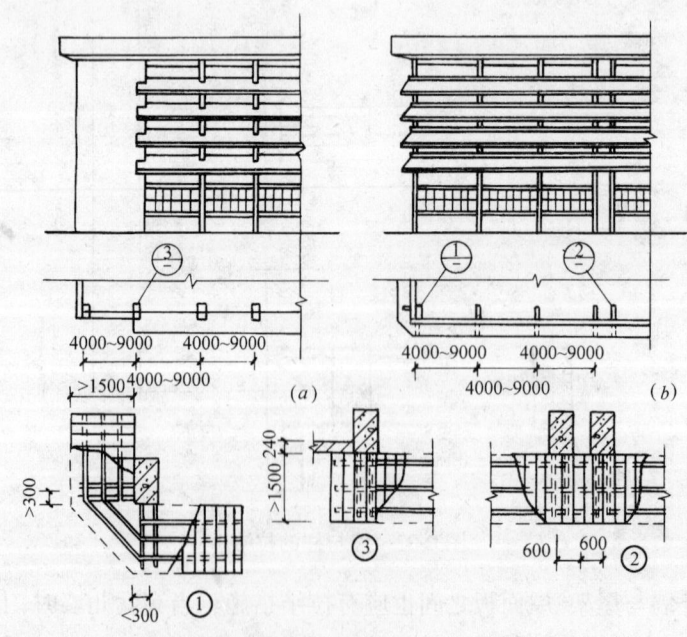

图 9-34　开敞式外墙
(a)单面开敞外墙;(b)四面开敞外墙

二、侧窗、大门与天窗

(一) 侧窗

单层厂房的侧窗不仅满足采光和通风的要求,还应满足生产工艺的要求。单层厂房一

112

般窗洞尺寸较大,因此,常常需要进行拼樘组合。当厂房有吊车时,考虑到吊车梁的影响,沿吊车梁常分为上下两排(如图9-35)。

工业建筑侧窗的种类,与民用建筑的种类基本相同。由于外立面要求没有民用建筑高,在满足生产工艺的条件下,以选用造价较低的窗类型为好。因此,对于普通的机械加工车间等,单层或多层钢窗被普遍采用。

从通风的角度考虑,常常把侧窗的下排作为进风口,一般采用通风效果好、开关方便灵活的平开窗;侧窗的上排作为出风口,一般采用方便用开关器开关的中悬窗;侧窗的中间排则应将进风口和出风口分开,应装设构造简单的固定窗。有上下两排侧窗的厂房,也可以把上排的高侧窗作为出风口。

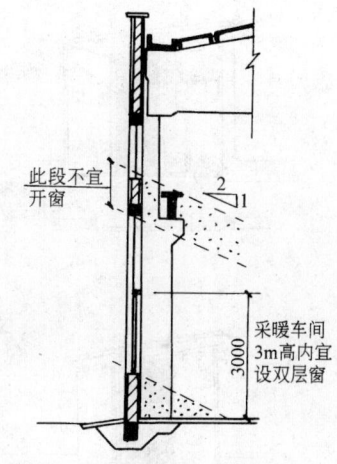

图9-35 有吊车梁时的侧窗布置

(二) 大门

工业厂房的大门主要是供日常运输车辆和人通行,门的尺寸应根据运输工具的外形尺寸来确定:

通行电瓶车的大门常用尺寸(宽×高)为:

2100mm×2400mm;2400mm×2400mm

通行一般载重汽车的大门常用尺寸(宽×高)为:

3000mm×3000mm;3000mm×3300mm
3300mm×3000mm;3300mm×3600mm

通行重型载重汽车的大门常用尺寸(宽×高)为:

3600mm×3600mm;3600mm×4200mm

通行火车的大门常用尺寸(宽×高)为:

4200mm×5100mm

工业厂房大门按用途可分为:一般大门和特殊大门(保温门、防火门、冷藏门、射线防护门、防风沙门、隔声门、烘干室门等)。按材料可分为木门、钢板门、钢木门、空腹薄壁钢板门、铝合金门等。按开启方式可分为平开门、平开折叠门、推拉门、推拉折叠门、上翻门、升降门、卷帘门、偏心门、光电控制门等。

图9-36是几种常见开启方式的大门。其中尤以采用平开和推拉门居多。

(三) 天窗

大跨或多跨单层工业厂房,为满足天然采光和通风的需要,在屋面上常常设置有各种形式的天窗。

天窗的种类较多。主要用于采光的有:矩形天窗、锯齿形天窗、平天窗、三角形天窗、横向下沉式天窗等。主要用于通风的有:矩形避风天窗、纵向或横向下沉式天窗、井式天窗、M形天窗等。其中以矩形天窗以及矩形避风天窗最为常见。图9-37为各种天窗的示意图。

不同的天窗有不同的特点与构造,也有不同的用途。比如,锯齿形天窗一般开向北侧,对厂房的采光均匀度有利,多用于纺织车间。最为常见的是矩形天窗。

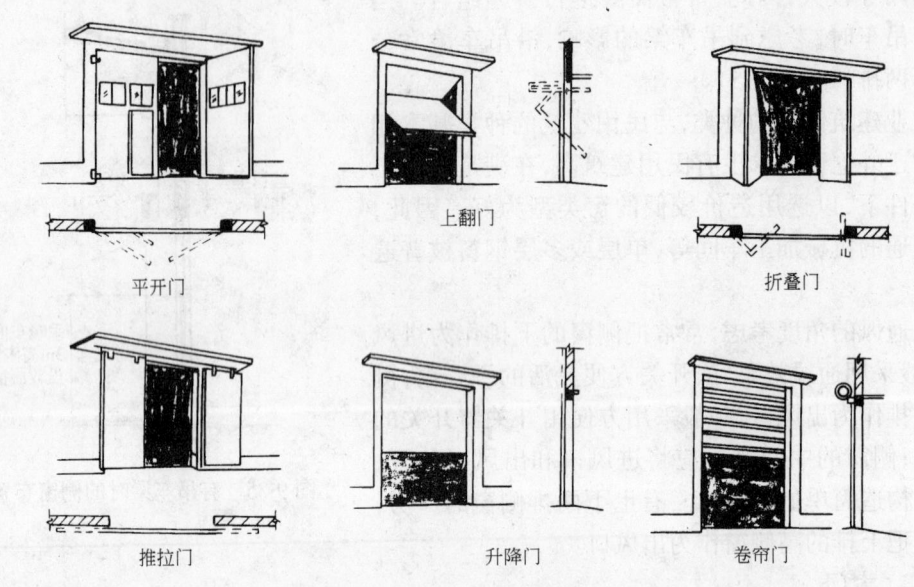

平开门　上翻门　折叠门

推拉门　升降门　卷帘门

图 9-36　常见大门的开启方式

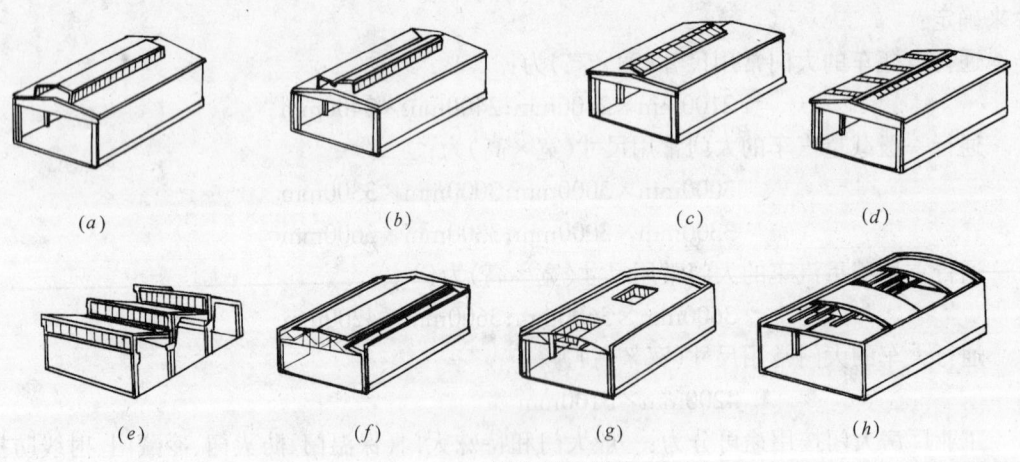

(a)　(b)　(c)　(d)

(e)　(f)　(g)　(h)

图 9-37　天窗的常见形式

(a)矩形天窗；(b)M形天窗；(c)三角形天窗；(d)采光带；(e)锯齿形天窗
(f)两侧下沉式天窗；(g)中井式天窗；(h)横向下沉式天窗

三、地面

工业厂房的地面必须要满足生产使用的要求。如有爆炸危险的车间地面应防爆，生产精密仪器仪表的车间地面应防尘，有化学侵蚀的车间地面应防腐等。

厂房的地面与民用建筑的地面一样，一般由面层、垫层和基层组成（图 9-38）。有特殊要求时可增加适当的构造层次，如结合层、隔离层、找平层、保温层、隔绝层、隔声层等。

工业厂房常用的地面有素土地面、矿渣或碎石地面、灰土地面、混凝土地面、水泥砂浆地面、水磨石地面、铁屑地面、沥青砂浆或沥青混凝土地面、菱苦土地面等。具体选用应根据厂房的生产工艺的要求来定。

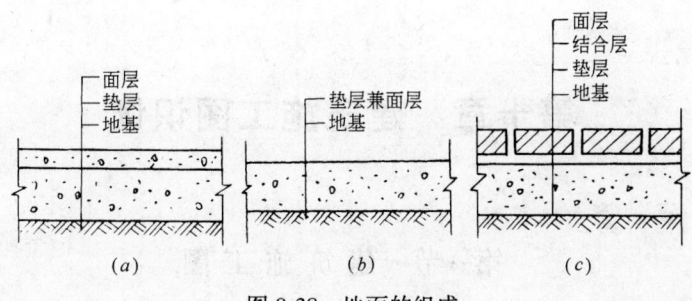

图 9-38　地面的组成

复 习 思 考 题

1．什么是工业建筑？
2．按不同的分类方法工业建筑有哪些种类？
3．排架结构的单层厂房的结构组成有哪些？
4．什么叫柱网？如何确定柱网的跨度和柱距？
5．单层厂房的定位轴线如何定位？
6．熟悉单层厂房的主要结构构件。
7．单层厂房的外墙有哪些种类？
8．单层厂房的侧窗和大门有哪些种类？
9．单层厂房的天窗有哪些类型？
10．工业厂房的地面有什么特点？

第十章 建筑施工图识读

第一节 建 筑 施 工 图

一、建筑图例

房屋建筑是由很多建筑构配件组成的。当用图纸的形式来表达房屋建筑时,这些建筑构配件不可能原封不动地以实形绘出,这不仅不利于绘图,也不利于识图。一般都是采用一些图例符号来表示建筑的各种构配件,这就是建筑图例。我国的有关制图标准中对建筑图例都做了相应的规定,制图与识图课中已经讲过,这里不再赘述。本章仅介绍与建筑施工图密切相关的部分内容。

房屋建筑施工图的识读,必须先了解建筑施工图中的门窗、楼电梯等建筑构配件的表示方法(建筑图例),才能正确识读施工图纸。常用的建筑图例如图 10-1、2、3 所示。

这些常用图例符号要求要掌握各自所代表的意义,并做到举一反三,融会贯通对识读建筑施工图是大有好处的。就拿楼梯来说,图例中仅列出了双跑平行直梯的底层、标准层(即中间各楼层)和顶层的平面形式,只要确实理解了它的含义,能够分清不同楼层的表示方法,并能够在识读建筑施工图时迅速通过楼梯看出平面施工图所表示的楼层,尽管实际中有各式各样的楼梯形式,识读时我们也照样能够看得懂。

二、建筑标高

在建筑平面图及其相应的详图中,楼地面、地下室地面、楼梯、阳台、平台、台阶等处完成面的标高,应标注清楚;在建筑立面图、剖面图以及相应的详图中,也应标注以上各部位完成面的标高和竖向的高度尺寸。

标高的画法见图 10-4。

三、索引符号

当仅仅用建筑平、立、剖面图不足以表达它的细部构造做法时,就需要绘制建筑大样详图。详图与所在的位置之间应该有对应关系,以便阅读图纸。建筑工程制图是通过在原图中标注索引符号,在详图下方标注详图编号(详图符号),并使二者有对应关系来实现的。有关索引符号和详图符号的内容在第五节讲述。

四、定位轴线

定位轴线是确定建筑物结构或构件的位置及其标志尺寸的基线,是施工放线的依据。定位轴线间的距离应符合模数数列的规定。

定位轴线是建筑施工图一个重要内容,建筑的构配件位置的定位及其尺寸的确定,都需要定位轴线;建筑施工放线更是离不开定位轴线。尽管定位轴线只是一种辅助线,它本身并没有多大实际意义,但是它的作用却是不容忽视,建筑施工图的识读也离不开定位轴线。

对于一般的建筑物来说,房间的形状以矩形居多,房间沿着纵横两个方向展开,组成建筑物的构配件也自然有纵横两个方向,这时定位轴线就有纵向和横向之分,所组成的网格

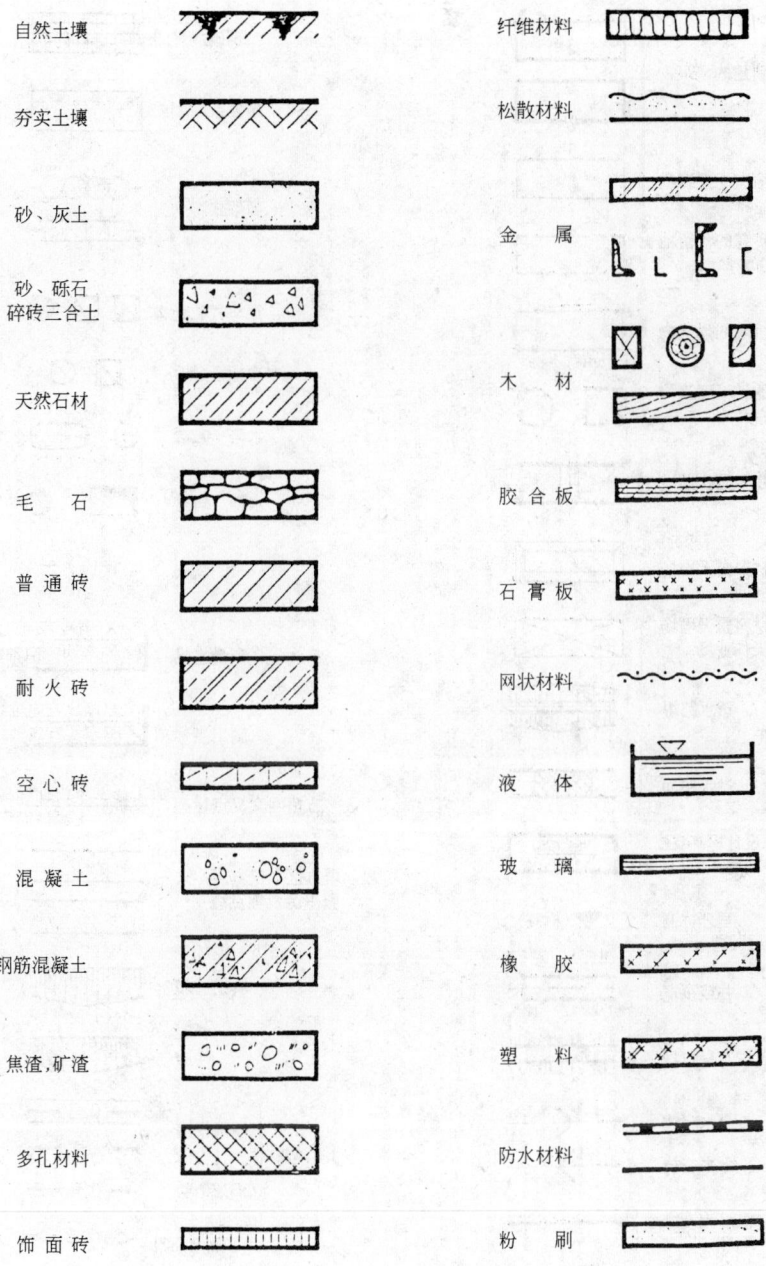

自然土壤		纤维材料	
夯实土壤		松散材料	
砂、灰土		金 属	
砂、砾石 碎砖三合土			
天然石材		木 材	
毛 石			
普通砖		胶合板	
耐火砖		石膏板	
空心砖		网状材料	
混凝土		液 体	
钢筋混凝土		玻 璃	
焦渣,矿渣		橡 胶	
多孔材料		塑 料	
饰面砖		防水材料	
		粉 刷	

图 10-1 常用建筑材料图例

(简称轴网)也是矩形(见图 10-5)。纵向定位轴线间的距离称为房屋的进深(或跨度);横向定位轴线间的距离称为房屋的开间(或柱距)。水平跨越构件(指楼板、梁等)的标志尺寸由纵横向定位轴线间的距离可以表示出来。比如,一座教室由 3 个 3300mm 的开间组成,进深是 6600mm,那么这座教室在 3 个开间内所用楼板的标志长度就是 3300mm,中间开间梁的标志长度是 6600mm。我们说定位轴线间的距离应符合模数数列,也就是房屋的开间(柱距)和进深(跨度)应符合模数数列,以便建筑构件标准化,最终实现建筑工业化。房间的开间和进深应符合 3M(即 300mm)数列。建筑的构配件及局部尺寸就是通过它们与定位轴线

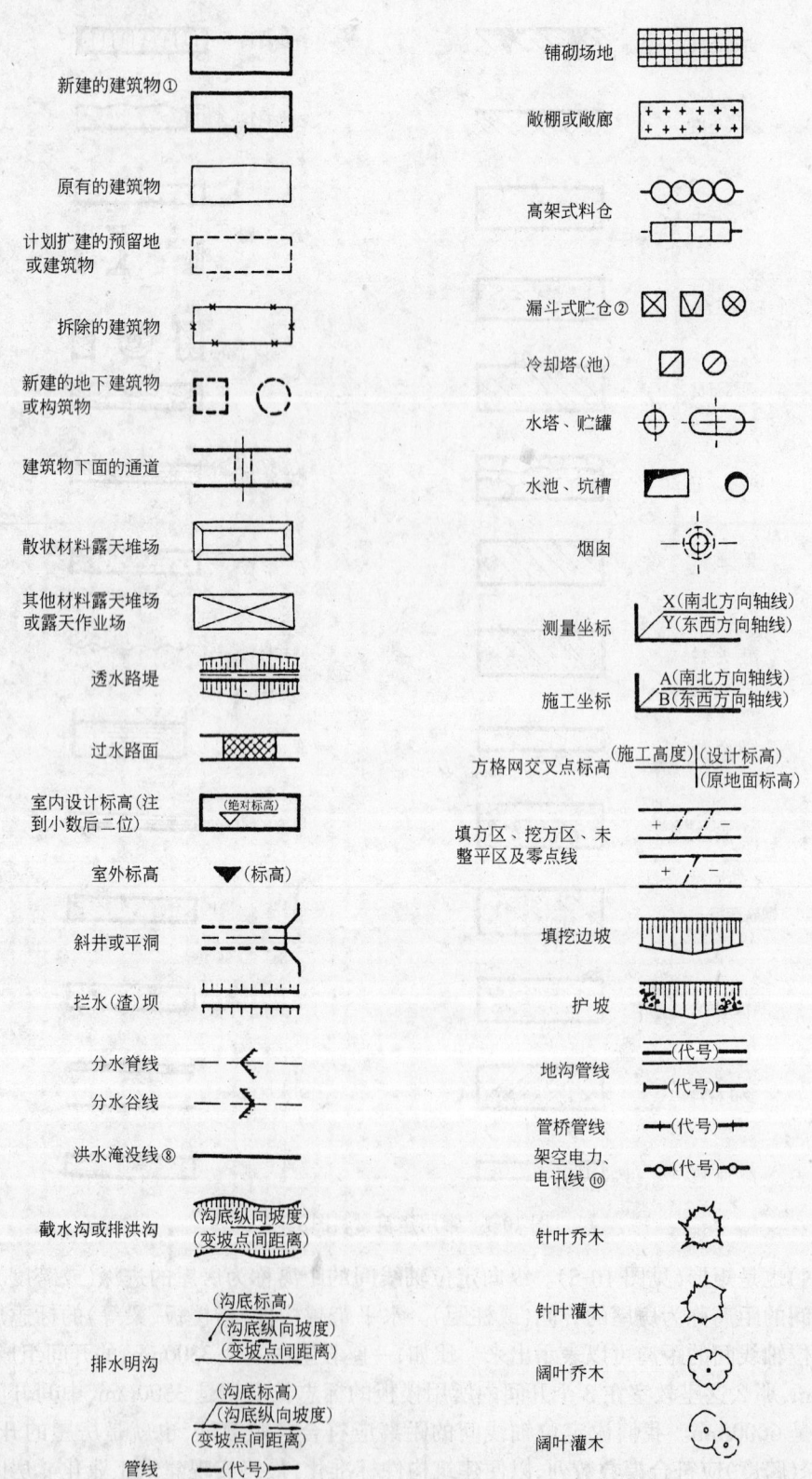

図 10-2 常用总平面图例

新建的建筑物①	铺砌场地
原有的建筑物	敞棚或敞廊
计划扩建的预留地或建筑物	高架式料仓
拆除的建筑物	漏斗式贮仓②
新建的地下建筑物或构筑物	冷却塔(池)
建筑物下面的通道	水塔、贮罐
散状材料露天堆场	水池、坑槽
其他材料露天堆场或露天作业场	烟囱
透水路堤	测量坐标 X(南北方向轴线) Y(东西方向轴线)
过水路面	施工坐标 A(南北方向轴线) B(东西方向轴线)
室内设计标高(注到小数后二位) (绝对标高)	方格网交叉点标高 (施工高度)(设计标高)/(原地面标高)
室外标高 (标高)	填方区、挖方区、未整平区及零点线 + / -
斜井或平洞	填挖边坡
拦水(渣)坝	护坡
分水脊线	地沟管线 (代号)
分水谷线	管桥管线 (代号)
洪水淹没线⑧	架空电力、电讯线⑩ (代号)
截水沟或排洪沟 (沟底纵向坡度)(变坡点间距离)	针叶乔木
排水明沟 (沟底标高)(沟底纵向坡度)(变坡点间距离)	针叶灌木
阔叶乔木
管线 (代号)	阔叶灌木

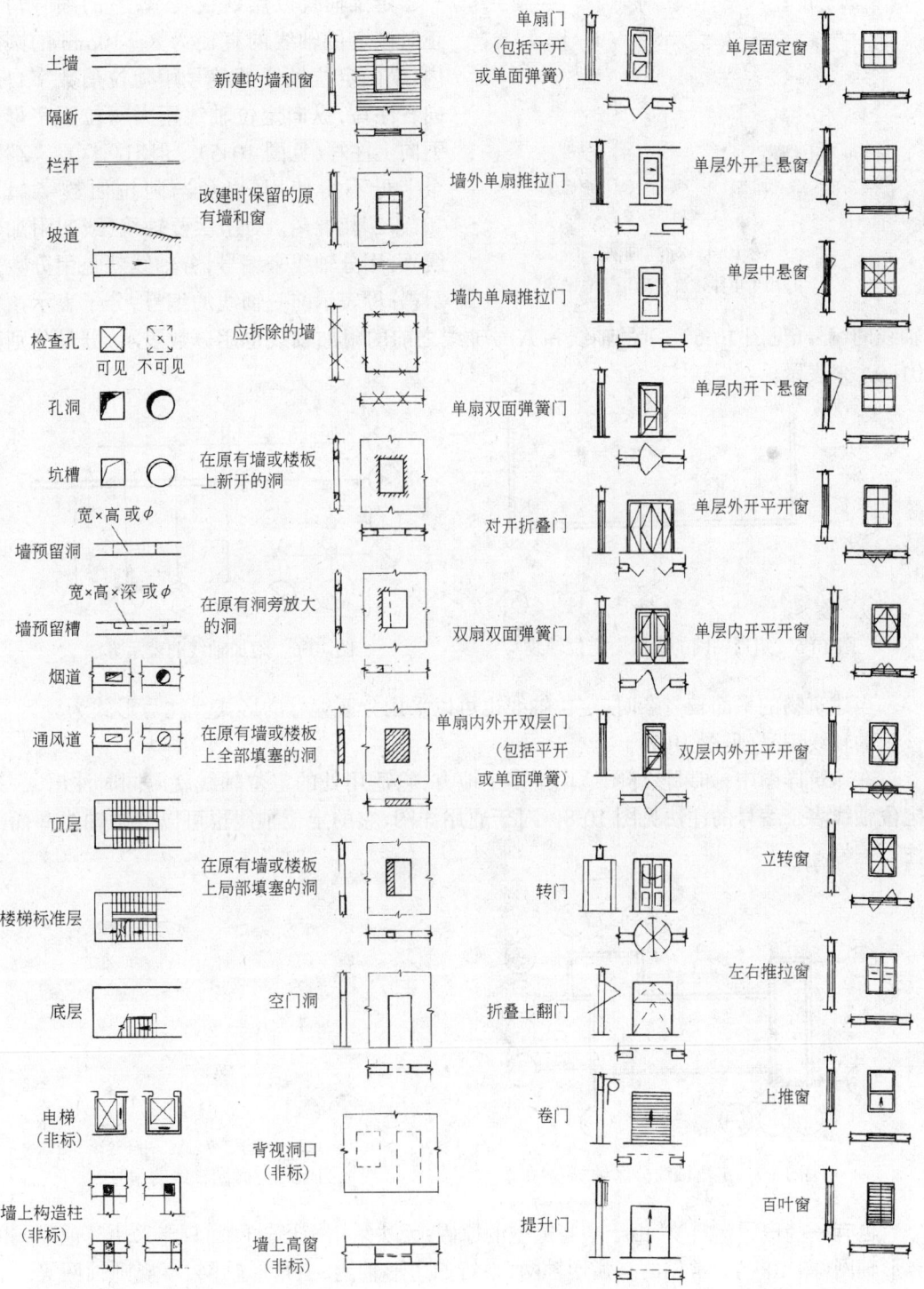

图 10-3　常用建筑构造及配件图例

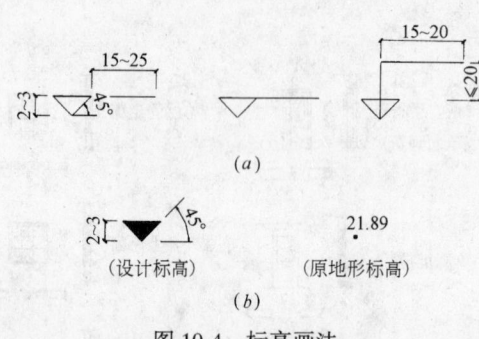

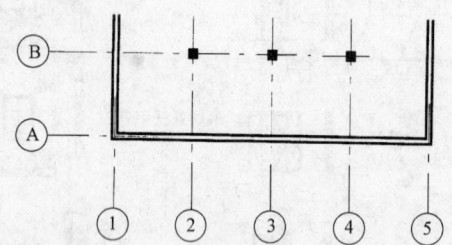

图 10-4 标高画法

(a)用于单体建筑;(b)用于总图

间的关系来定位的。

定位轴线以点划线表示,它的编号写在正对该定位轴线的直径为 8~10mm 的圆圈内,横向定位轴线的编号用阿拉伯数字自左向右注写,纵向定位轴线用大写拉丁字母自下向上注写(见图 10-5)。但"I"、"O"、"Z"三个字母不得使用,以免与阿拉伯数字"1"、"0"、"2"相混淆。对于次要轴线(或叫附加轴线)可用分轴线来编号,分轴线就是用分数表示:分母表示前一轴线的编号,分子表示该分轴线的编号(见图 10-6)。1 号轴线和 A 号轴线之前的附加轴线也用分数表示,分母分别用 01、0A 来表示。

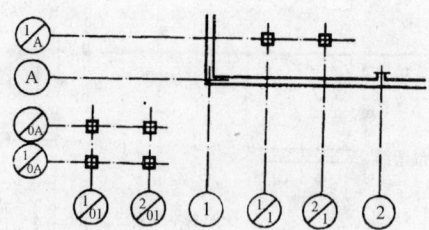

图 10-5 矩形轴网的纵横向定位轴线

图 10-6 附加轴线的表示方法

当建筑物的平面较复杂时,定位轴线也可以采用分区编号的形式。注写形式为分区号-该区的轴线编号(见图 10-7)。

在建筑详图中,如果该详图适用于多个地方,它适用处的定位轴线就应同时注出,一条定位轴线多个编号的注法见图 10-8。对于通用详图,它的定位轴线也可以只画轴线圈而不注写编号。

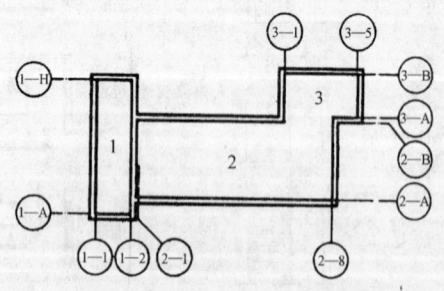

图 10-7 定位轴线分区编号

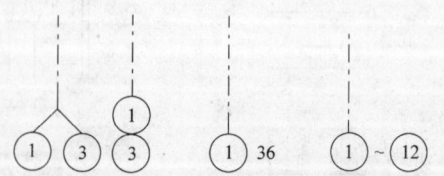

用于两条轴线　用于三条轴线　用于连续多条轴线

图 10-8 详图轴线的编号

也有一些房屋建筑物,由于本身造型的原因,无法采用矩形轴网而只能采用其他形式的异形轴网(图 10-9)。常见的有弧形轴网、平行四边形轴网、三角形轴网、不规则轴网等。有的建筑物是采用两种或两种以上的轴网组合在一起的形式。随着建筑造型的日新月异,异形轴网的建筑物会越来越多。但无论建筑造型如何变化,轴网形式如何新奇,阅读建筑施工图的基本原理是一致的。

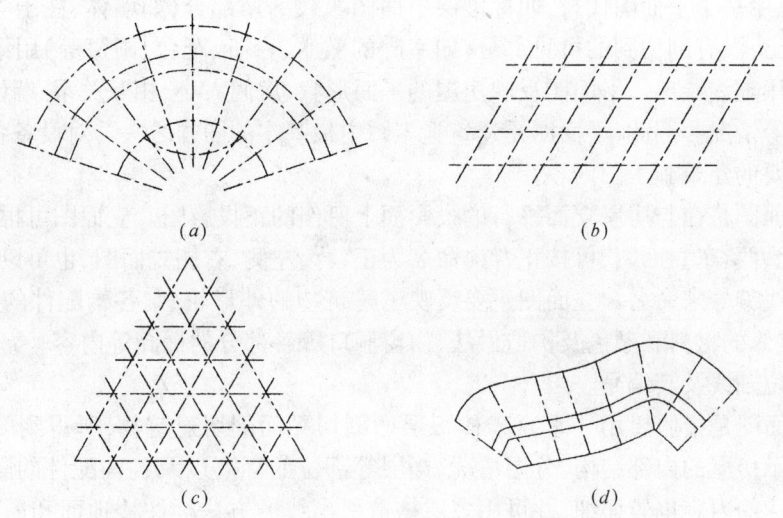

图 10-9　轴网的几种形式

(*a*)弧形轴网;(*b*)平行四边形轴网;(*c*)三角形轴网;(*d*)不规则轴网

三、建筑施工图的识读顺序

一套建筑施工图(简称建施)的安排,为便于阅读是有一定顺序的,阅读时若按照这个顺序进行,并前后对照,就会事半功倍。

建筑施工图图纸顺序的安排,一般依次为封面、首页、总平面图、平面图、立面图、剖面图和详图。有时也会见缝插针,在中间的某张图纸中加画一些节点详图。为方便看图,一般是将相关的节点详图放在所索引的那张图中。这个安排比较符合人们查看图纸的顺序。

首页中一般有图纸目录、建筑设计说明、门窗表、采用建筑标准图集目录及其编号等内容。若总平面图不太复杂时也可以放于首页。由于建筑、结构、水暖电等各专业的施工图顺序安排,建筑施工图是排在最前面的,因此图纸目录指全套图纸的目录。当其他专业有各自的图纸目录时,建施中的图纸目录也可以只编建筑施工图的图纸目录。建筑设计说明就是以文字及表格的形式介绍本工程概况,如建筑特点、设计依据、平面形式、位置、层数、建筑面积、结构类型、构造做法(包括内外装修、屋面、楼梯、散水、踏步、门窗、油漆等)以及施工要求等内容,对了解该工程的基本概况非常有用,阅读建筑施工图首先要阅读建筑设计说明。门窗表是对本工程项目所有门窗的统计表,与供热通风与空调以及其他设备专业的关系不太大。采用标准图集目录是把本工程项目所采用的建筑标准图集汇集到一起,以方便编制概预算以及施工时收集资料。

总平面图是表示本工程在整个基地中所处位置及环境的图样。主要包括本工程与周围房屋的间距、相对关系、建筑朝向、周围绿化、道路等情况,它是用不同的线型,按照图 10-2 的图例而绘制的自上往下的正投影图。当工程项目较大时,总图也可以专门另外绘制,每个子项单体的建筑施工图中不再重复绘制总平面图。

建筑平面图指用一假想水平剖切平面过略高于窗台位置剖切,移去上面部分,所得的水平剖面图。有底层(首层)、二层、三层……顶层平面图以及屋顶平面图。中间各层如果都相同的话,可以用一个平面图代替,叫标准层平面图。被剖切部分(如墙体、柱子等)的轮廓线用粗实线绘出,没有剖切到的可见部分(如室外的散水、台阶、花台、雨篷等)用细实线绘出,被遮盖构件用虚线绘出。平面图反映房屋的平面形状、房间大小、相互关系、墙体厚度、门窗形式和位置等情况。因此,平面图是建筑施工图中最基本的图样之一。对设备各专业来讲,也是最为重要的建筑施工图内容。

建筑立面图是在与房屋立面平行的投影面上所作的正投影图。立面图可根据建筑朝向命名为南、北、西、东立面图,可按正背向命名为正、背、左侧、右侧立面图,也可以按建筑物两端的定位轴线编号来命名。立面图主要反映了建筑物的外形轮廓、各构配件的形状及相互关系、外部装修的材料和颜色及构造做法、门窗洞口等各部分的标高等内容。立面图的两端应标注出定位轴线及其编号。

建筑剖面图是指假想用一垂直于楼板层的剖切平面剖切建筑物,所得到的正投影图。主要用以表示房屋的内部结构、分层情况、楼层等部位的标高以及各构配件的竖向关系,比例较大时表达的内容也较详细,并可用多层构造引出线的方法标注楼地面和屋面的构造做法。剖面图的多少应根据房屋的复杂程度而定,一般情况下仅作一个横剖面图就能满足需要,建筑空间较复杂时可增加剖面的数量。剖面的剖切位置要合适,一般选在门窗洞口、楼梯间、雨篷或其他空间有变化处。它的命名与平面图上剖切符号的编号是一致的。

详图是指建筑细部做法的节点大样图。由于平面图、立面图、剖面图的比例过小,显示不出来细部的具体构造做法,只能通过详图来完成。对于设备各专业的人员来讲,掌握平立剖面图中的信息就基本可以,如果必须了解更为详细的信息,才需要阅读详图的内容。

第二节　平面施工图的识读

平面图是建筑施工图中最基本的图样之一。建筑设备各专业所需要的条件图,就是来自于建筑平面施工图,所以,学习阅读平面建筑施工图是很重要的。现以一个办公楼的平面建筑施工图(图 10-10)说明其识读方法。

一、查明标题,了解概况

拿到一套建筑施工图后,可大致翻阅一遍图纸,浏览一下工程概况、平面形状、楼梯数量和位置、出入口、房间情况等,通过总图或底层平面图的指北针或风玫瑰了解建筑的朝向。并尽量把建筑设计说明阅读一遍,以掌握图样中未显示的信息。这样,会使你对整套图纸有一大致的了解。接下来就可以按照图纸的安排顺序,从平面图开始,来阅读整套建筑施工图。

二、看图名及比例,了解该图是哪一层平面图

首先,每一层平面图的下方都有该平面图的图名和比例,图纸的标题栏也会显示本张图纸的所有内容。建筑平面施工图常采用 1:100 的比例。平面图的安排次序,一般是底层平面图在前,依次为二层、三层……顶层平面图,最后是屋顶平面图。中间若干层如果一样的话可用标准层代替,以节省图纸空间。

其次,从楼梯的平面形式上也可以看出该平面图是底层、中间层,还是顶层平面图。楼梯的上下行箭头都是以本楼层的地坪标高为基准的,梯跑(梯段)向上的用箭头示意并在箭尾处注写"上";梯跑向下的用箭头示意并在箭尾处注写"下"。由于每层的平面图都是过略

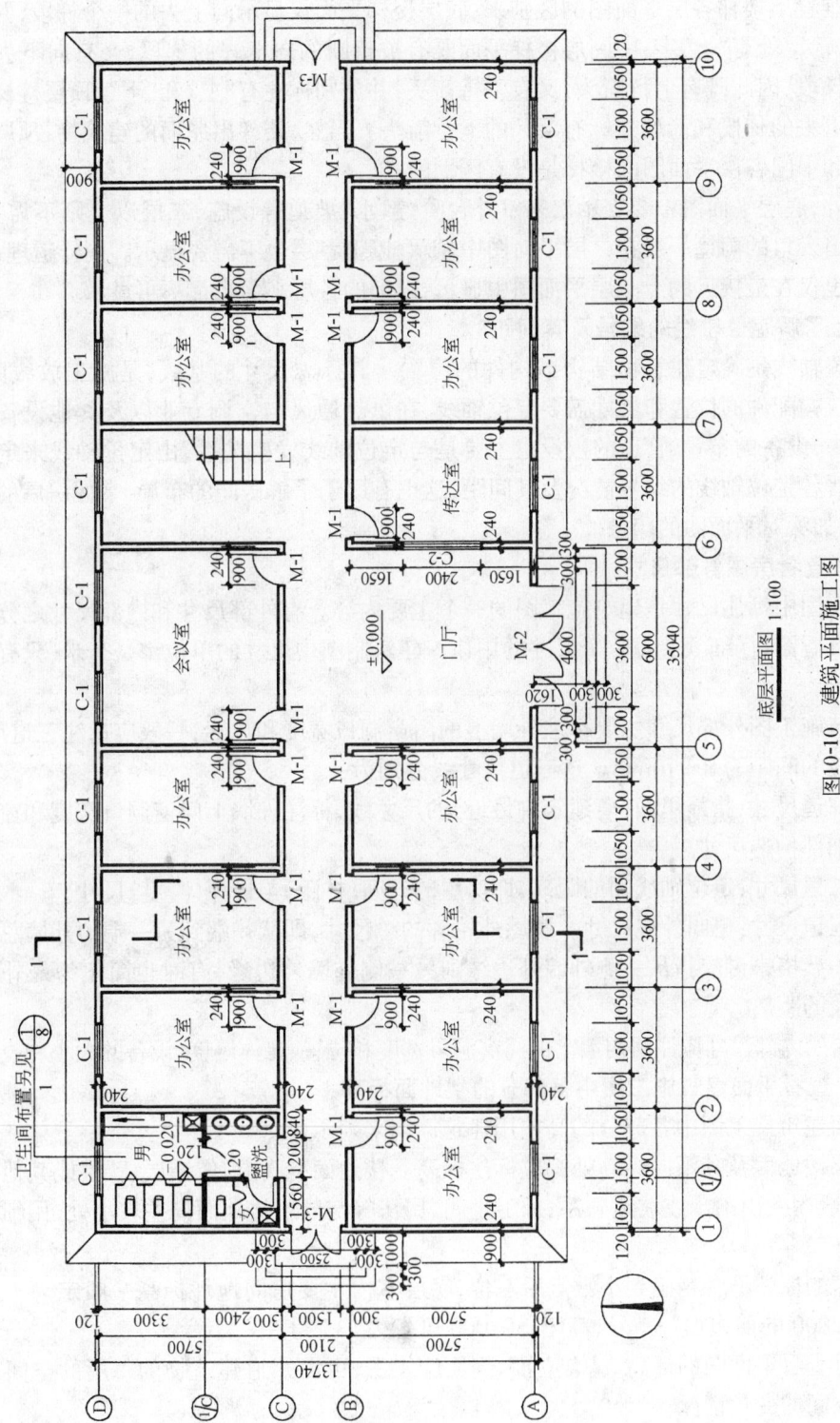

底层平面图 1:100

图10-10 建筑平面施工图

123

高于窗台处水平剖切的,所以向上去的这跑楼梯段被剖断,建筑施工图中用折断线表示。这样就不难看出楼梯各层平面图的区别来:底层楼梯平面仅显示向上去的一个梯段,并被折断线折断,箭尾处有"上"字;中间层楼梯平面既有被折断的向上去的梯段,又有向下去的未被折断的梯段,因此既有上行箭头,又有下行箭头,并分别标注有"上"和"下";顶层楼梯平面只会有向下去的梯段和箭尾处标有"下"的下行箭头。当然,楼梯出屋面的建筑物,顶层平面图的楼梯和中间各层平面图的楼梯是没有区别的。

另外,底层平面图中要表示出来室外台阶、散水、坡道等设施,二层以上则不需要显示。建筑物出入口的雨篷一般在二层平面图中显示,以上各层也不需要显示。同样道理,有屋顶平台时也仅在最接近的上一层平面图中显示,以上的各层平面图都不再显示。

三、了解定位轴线的编号及其间距

定位轴线是确定建筑物结构或构件的位置及其标志尺寸的基线,是施工放线的依据。不仅建筑构配件的位置和尺寸需要定位轴线,在供热通风与空调专业以及其他设备专业的施工图中,设备的布置、管道的敷设也主要是与定位轴线发生关系,由定位轴线来定位。因此要细看各定位轴线的编号情况及其间距,这也有助于了解房间的布局,掌握房屋的开间进深尺寸,加深对平面图的印象。

四、查看房屋各部尺寸

平面图中标注尺寸是建筑施工图的一个主要内容。有外部尺寸和内部尺寸之分。阅读时要认真看图,仔细领会每一个尺寸的用途。建筑制图中尺寸的单位都是毫米,只有标高的单位是米。

建筑施工图外部尺寸主要标注外墙上的门窗洞口宽度和位置,一般应标注三道尺寸,三道尺寸线的间距为 8~10mm。这三道尺寸线分别为:

第一道尺寸:指最里面(离建筑物最近)的尺寸线,标注外墙上门窗洞口宽度和窗间墙尺寸以及细部构造尺寸。

第二道尺寸:定位轴线间的距离,即房屋的开间(柱距)与进深(跨度)尺寸。

第三道尺寸:也叫外包尺寸。房屋外轮廓的总尺寸,即从一端到另一端的外墙总长度和总宽度。严格来讲应指从一侧外墙外边缘到另一侧外墙外边缘,有时也简化为最外侧两条定位轴线的距离。

建筑的内部尺寸应注明内墙上的门窗洞口宽度和位置、墙体厚度、设备的大小和位置等。

五、查看平面建筑施工图中各部分的楼地面标高

平面建筑施工图中各部分的高差用建筑标高来表示。

各层楼地面及其不同标高处都应标注标高。楼地面有高差,像错层、跃层或其他高差较大时,一般用室内踏步或坡道联系;像卫生间、厨房等与同层楼地面高差较小处,用细实线加以区分。

标高的标注通常精确到小数点后三位,底层室内主要房间地坪标高一般定为 ±0.000,低于 ±0.000 的前边加"-"号,高于 ±0.000 可省去"+"号。

通过查看平面图的标高,结合立面、剖面施工图,可以知道建筑物的每层的空间高度以及室内空间的变化情况。

六、查看门窗位置、型号及编号

门窗、设备等形状较复杂,平面图常用图例表示(参见图 10-3),平面图中只能表示出位

置以及洞口宽度,它的洞口高度、窗台高等应从立面图或剖面图中查阅。另外,门窗表中显示了有关门窗的详细资料,需要时可结合门窗表一并查阅。

门的代号为"M",如 M-1,M-2…;窗的代号为"C",如 C-1、C-2…;门连窗的代号一般用"MC",如 MC-1,MC-2…。此外,根据建筑物的复杂程度,也可能会有玻璃幕墙、玻璃隔断等,一般都列于门窗表中。

七、平面图中还要显示其他专业对土建所要求的预留洞

建筑工程是需要各个工种相互配合的,在建筑施工图中,建筑专业和其他专业所需要的预留洞,都显示了平面尺寸及标高。比如,半暗装暖气片的壁龛,墙上暗装消火栓的洞槽,暗装电表箱的洞槽等等,都应正确了解其位置和尺寸。

八、注意相关设施的情况

比如,室外台阶、花池、散水、明沟等的位置和尺寸等一些相关设施,在相应的平面施工图中都会有所反映。

九、查看底层平面图中剖面图的剖切位置符号

底层平面图上标注有剖面图的剖切位置符号,查看剖面图时应相互对应。

阅读时既要注意各层平面图的区别,各层平面的标高、楼梯、室外设施等是不同的,底层平面图还标有指北针;又要注意各层平面图的相互结合,前后对照,真正理解各层的平面布局,掌握该房屋的空间关系。对识读其他专业的施工图是大有好处的。

第三节 立面施工图的识读

建筑立面施工图是在与房屋立面平行的投影面上所作的正投影图。立面图主要反映了建筑物的外形轮廓,室外构配件的形状及相互关系,外部装修的材料和颜色及构造做法,门窗洞口等各部分的标高等内容。立面图的两端应标注出定位轴线及其编号。立面图的轮廓线用粗实线表示,门窗洞口、窗户分格、雨水管、装饰线等可见线均用细实线表示,室外地坪线用粗实线表示。

立面图比较直观,雨篷、阳台、立面门窗等都直接反映了实形,从线型的粗细上也进行了区分。建筑物的外轮廓线用粗实线绘出,雨篷、阳台等立面上有凹凸的,也应用粗实线绘出,但线型比建筑物外轮廓线稍细。其他可见部分均用细实线绘制,室外地坪线的线型最粗。

在立面建筑图中,门窗的开启方式不同,表示方式也不同。图 10-11 为常见的几种门窗开启方式的表达形式。

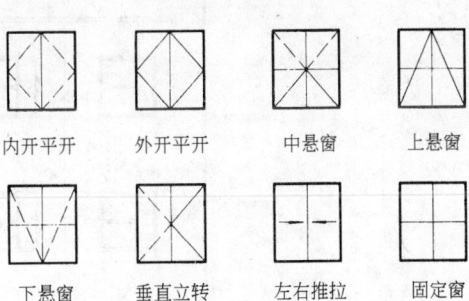

内开平开　外开平开　中悬窗　上悬窗

下悬窗　垂直立转　左右推拉　固定窗

图 10-11 立面门窗的开启方式

建筑立面施工图中的尺寸比平面图少,一般只有一些竖向立面标高,也可以将有关的竖向尺寸标注出来。外装修的材料做法也应标注于立面图中。阅读时要结合平面图和有关剖面图,相互对照,相互印证。

现以上例中办公楼的建筑立面图(图 10-12)为例,说明立面图的识读。

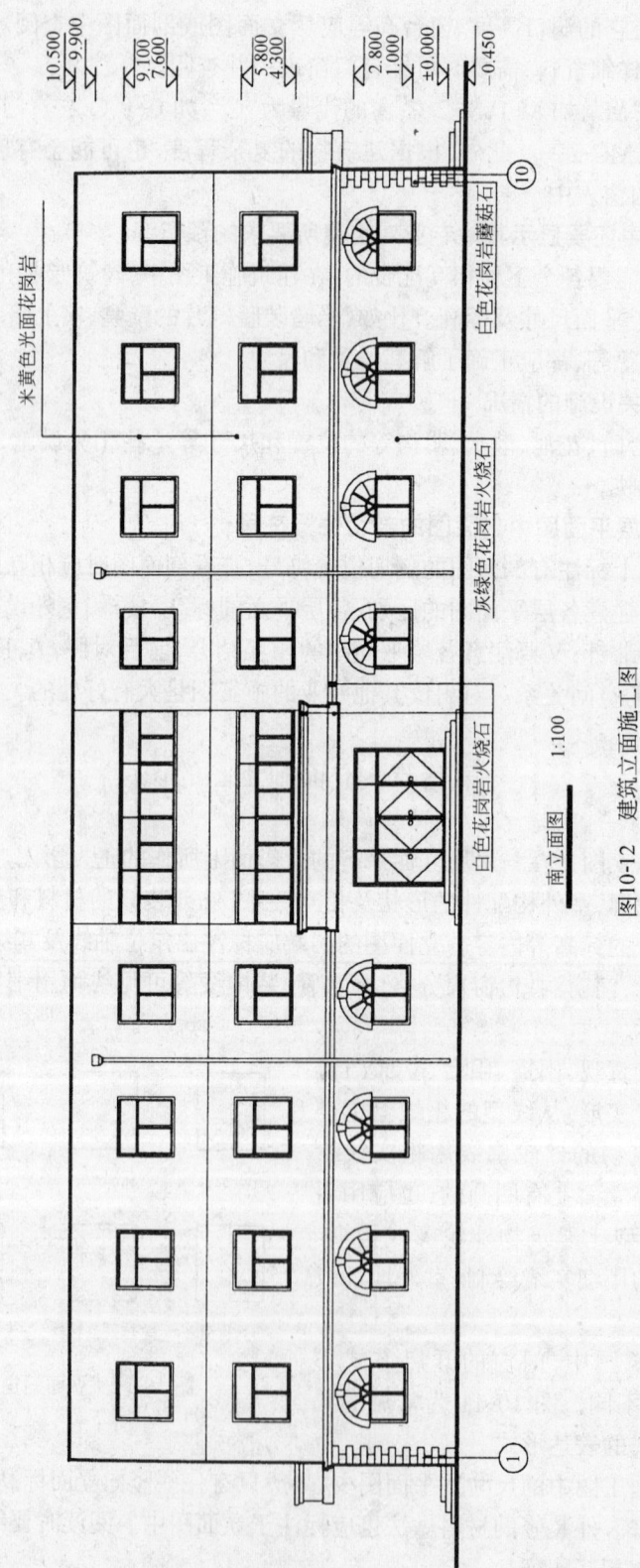

米黄色光面花岗岩

白色花岗岩蘑菇石

灰绿色花岗岩火烧石

白色花岗岩火烧石

南立面图   1:100

图10-12 建筑立面施工图

10.500
9.900
9.100
7.600
5.800
4.300
2.800
1.000
±0.000
−0.450

一、查看图名和比例

在每个立面图的下方都有该立面图的图名和比例。从图纸的标题栏也可查出本张图纸的内容。看该立面图到底是哪个立面，以便跟平面图相对照一起识读。另外根据定位轴线的编号也可以看出是哪个立面。建筑立面施工图常采用1:100的比例。

二、查看立面的外貌形状

对照建筑平面施工图，深入理解房屋的屋面、门窗、雨篷、阳台、台阶、坡道、勒脚等各部分的细部形状和位置。

建筑室外构造做法，在立面施工图中都会反映出来。要对照平面图仔细识读，理解每一个有变化地方的凹凸关系及形状，甚至细部做法。立面图无法表达清楚的，要结合详图来识读，力求达到能看得懂立面施工图的每一个细节。这有助于识图能力的锻炼以及空间思维能力的建立。

三、看立面图中主要部位的标高

立面图中主要的尺寸就是标高。比如，室外地坪、室内楼地面、屋面檐口、门窗洞口的顶底、阳台、雨篷等的标高，在立面图中都会显示出来。读图时要注意这些标高。

四、看外部装修材料和做法

立面图中一般都标注出了外部装修材料及做法，比如外墙用的什么装饰材料、都做了哪些细部装饰等，有时需要选标准图或绘制详图，这样还要结合有关详图大样来看图。

对于供热通风与空调以及其他设备专业来讲，立面图远没有平面图的识读重要，但对整个识图能力的培养是很有必要的。

第四节　剖面施工图的识读

建筑剖面图主要是用来表示房屋的内部结构、分层情况、楼层等部位的标高以及各构配件的竖向关系的。建筑剖面图常采用1:100的比例，当比例较大时表达的内容也较详细，可用多层构造引出线的方法标注被剖切到的楼地面和屋面的构造做法。

现仍以上例办公楼的剖面施工图(图10-13)为例，说明剖面图的识读。

一、首先搞清楚剖面图的剖切位置及投影方向以及剖切到的构配件和可见构配件

建筑剖面施工图的识读，必须与平面图对应起来，才能弄懂与理解剖面图中反映出的内容，哪些构件是剖切到的，哪些构件是可见的。剖切到构件的轮廓线加粗，可见部分则是用细实线表示。

尤其是底层平面图，可以反映出该剖面图具体的剖切位置、剖视方向以及剖面图编号。

二、看房屋的主要结构构件的结构类型、位置和它们之间的相对关系

在剖面施工图中，梁板是如何铺设的，梁板与墙体的连接，屋面、楼板、梁的结构形式以及与墙柱的关系等，都能反映出来。看懂剖面图的这些关系，可以加深对结构的认识。

三、查看各部分的尺寸关系和建筑标高

查看各部分的尺寸关系和主要标高，是设备专业识读剖面图的主要目的。

首先，查看建筑室内外地坪的高差。为防止室外的雨水倒流入室内，建筑的室内地坪要略高于室外地坪。一般最少为150mm，常见的有450mm，600mm，750mm，900mm等。

其次，查看各楼层标高以及屋面或檐口标高。楼层的建筑标高是指楼地面的面层上表

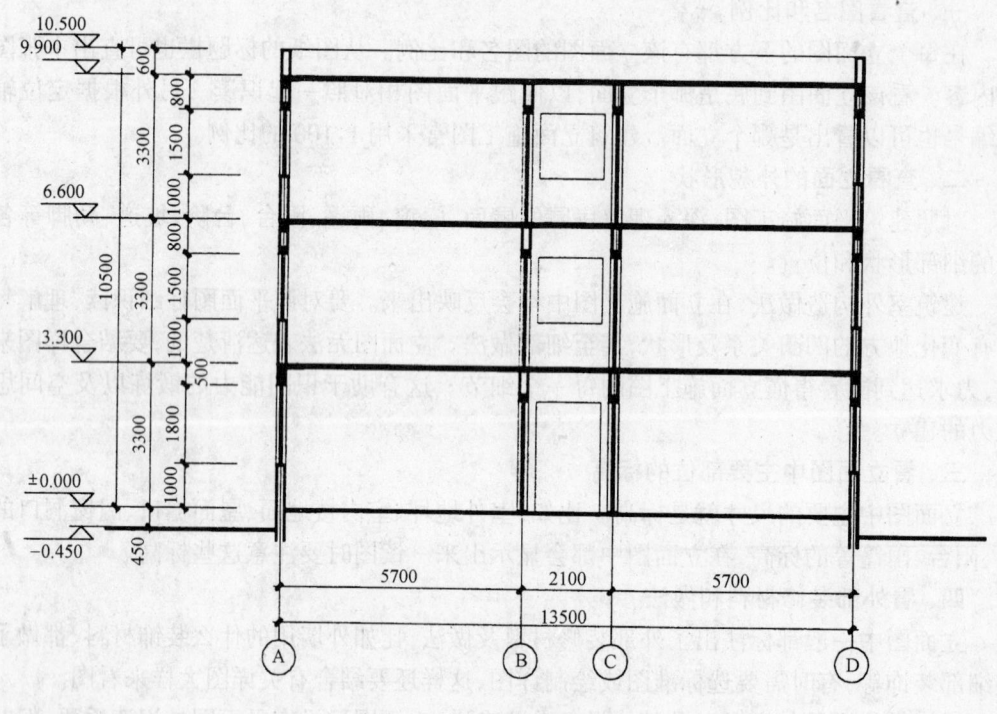

图 10-13　建筑剖面图

面处的标高,与结构标高是不同的,结构标高是指楼板结构层的标高。

最后,查看建筑物总高和细部的一些标高。比如阳台、雨篷、门窗洞口等。

与平面图一样,剖面图的竖向尺寸也应标注三道尺寸线:

第一道尺寸:指最里面(离建筑物最近)的尺寸线,标注外墙上门窗洞口高度和窗间墙尺寸或其他细部构造尺寸。

第二道尺寸:标注建筑层高。

第三道尺寸:标注建筑总高度。指室外设计地坪到屋面檐口的高度。

第五节　大样详图的识读

为满足施工的要求,把平、立、剖面图中一些细部的建筑构造用较大比例的图样比较详细地绘制出来,即是详图(或叫大样图)。绘制详图的比例,一般采用 1:50、1:20、1:10、1:5、1:2、1:1 等。由于详图的比例较大,在平面详图和剖面详图中,剖到的材料应该用不同的材料符号表示出来。材料符号见图 10-1。

与平、立、剖面图相对应,详图也有平面详图、立面详图、剖面详图之分。稍微简单点的用一种详图就可以表达清楚,构造复杂的需要的详图也较多。详图的绘制要求构造表达清楚,尺寸标注齐全,文字说明准确,轴线标高与相应的平、立、剖面图一致。凡是有详图的,具体的构造做法都应以详图为准。所以,大样详图是建筑施工图的重要组成部分。

一般房屋常见的详图主要有:檐口详图、墙身构造节点详图、楼梯详图、厨房及卫生间详图、阳台详图、门窗详图、建筑装饰详图、雨篷详图、台阶详图等。图 10-14 是一个墙身节点详图。

一套建筑施工图中详图的数量是比较多的。对于一些常用的构造做法,可以编制成标准图,以供每个工程项目选用。这种标准图适用范围较广的有国标、地区标、省标等国家及地方的通用标准图,小范围的也有针对某一设计项目编制的通用图。通过选用标准图可以减少每套建筑施工图的详图数量,其他专业的施工图纸也是如此。无论是选用的标准图还是绘制的详图,为阅读的方便,对详图的索引符号和详图符号都有一些具体的规定。

索引符号是表示图上该部分另有详图表示的意思。它由用细实线画的直径为 10mm 的圆和过圆心的水平细直线以及引出线组成,并在上半圆和下半圆中都标有阿拉伯数字。上半圆是详图的编号,下半圆是详图所在图纸的编号。当详图与被索引的图样在同一张图纸上时,下半圆中用一短横实线表示。如果选用标准图中的详图时,在圆的水平直径延长线上加注标准图集的编号。如图 10-15 所示。

当索引出的详图与被索引的图样为剖面或断面关系时,索引符号的引出线的一侧有一表示剖切位置的短粗实线。这个剖切位置线在引出线的哪一侧,就表示该剖面(或断面)详图是从哪个方向所作的投影图,如图 10-16 所示。

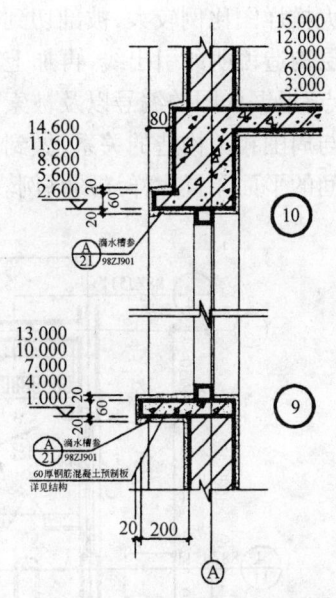

图 10-14　墙身节点详图

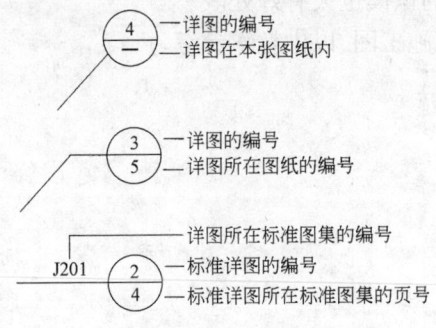

图 10-15　详图索引符号

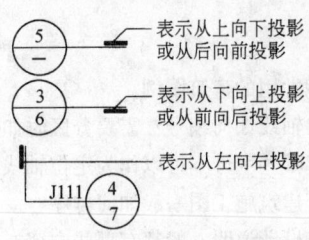

图 10-16　局部剖面详图的索引符号

详图符号表示详图的位置和编号。它是一个直径为 14mm 的粗实线圆,并在圆内标有有阿拉伯数字。当详图与被索引的图样在同一张图纸内时,圆内的阿拉伯数字就是该详图的编号;不在同一张图纸内时,圆内有一细实线分为上下半圆,上半圆内数字为详图编号,下半圆为被索引详图所在的图纸号。在详图符号的右下角注有该详图的比例。如图 10-17 所示。

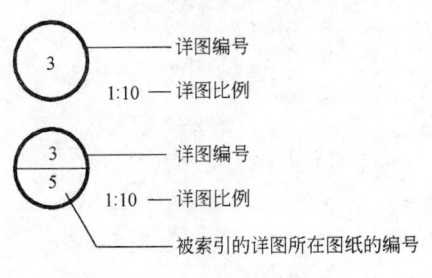

图 10-17　详图符号

129

大样详图比例较大,被剖切到构件的建筑材料都有其相应的符号表示,构造层次较多时有分层构造说明的引出线,再加上尺寸、标高标注得也很详细,识读时并不困难。只是要注意一点:根据详图的编号以及被索引图样的索引符号,弄清详图在整个图样中所处的位置,以及与周围相关构造的关系,做到先由整体到局部,再由局部回到整体中去。图 10-18 是个卫生间的平面布置大样详图举例。

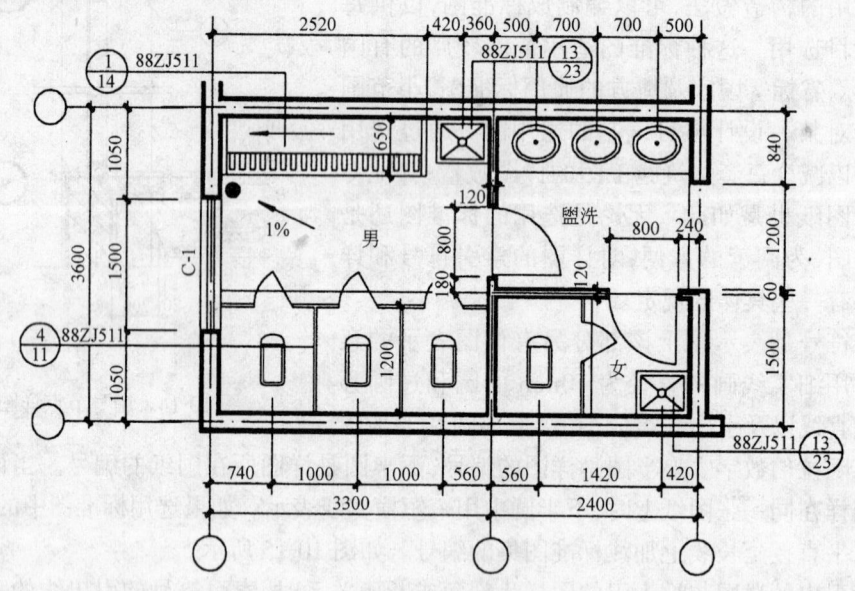

图 10-18 卫生间平面布置详图

关于详图的索引符号以及详图符号的规定,对其他专业的建筑工程图纸是同样适用的。学习时应认真领会并掌握,对学习其他专业施工图的识读也大有好处。

本教材后附一套常见的城镇单元式住宅楼建筑施工图,以供教学参考。

复习思考题

1. 熟悉常用的建筑图例。
2. 定位轴线如何编号? 需要分区时如何编号?
3. 都有哪些字母不可以作为定位轴线的编号?
4. 一套建筑施工图一般如何排序?
5. 建筑设计说明一般都有哪些内容?
6. 总平面图都包括哪些内容?
7. 建筑平面图是怎样得来的?
8. 怎样阅读建筑平面施工图?
9. 怎样阅读建筑立面施工图?
10. 怎样阅读建筑剖面施工图?
11. 建筑详图的索引符号以及详图符号有哪些规定?

附　图

住宅建筑施工图

参 考 文 献

1. 李祯祥主编.《房屋建筑学》.北京:中国建筑工业出版社,1995 年第一版

2. 林恩生主编.《房屋建筑学》.北京:中国建筑工业出版社,1998 年第七版

3. 霍加禄编.《建筑概论》.北京:中国建筑工业出版社,1996 年第二版

4. 颜金樵主编.《工程制图》.北京:高等教育出版社,1998 年第十三版

5. 陈登鳌主编.第一集.《建筑设计资料集》.北京:中国建筑工业出版社,1994 年第二版

6. GB 50096—1999《住宅设计规范》

7. JGJ 37—87《民用建筑设计通则》

8. GBJ 16—87《建筑设计防火规范》(1997 修订本)

9. GB 50045—95《高层民用建筑设计防火规范》(1997 修订本)

10. GB 50207—94《屋面工程技术规范》

11. JGJ 50—88《方便残疾人使用的城市道路和建筑物设计规范》

12. JGJ 26—95《民用建筑节能设计标准》(采暖居住建筑部分)

13. 马国馨、滕新乐、杜申主编.《注册建筑师考试手册》.济南:山东科技出版社.1998 年

14. 陈保胜、陈志华主编.《建筑装饰构造资料集》.北京:中国建筑工业出版社.1995 年

15. 98ZJ721、98ZJ111、98ZJ211《中南地区通用建筑标准设计》